W0339278

Mission Space Shuttle

ANDREAS SCHÖWE

Mission Space Shuttle

Abenteuer Weltraum in Bild und Text

BECHTERMÜNZ VERLAG

Copyright © 1999 by Weltbild Verlag GmbH, Augsburg
Umschlaggestaltung: Eisele & Bulach, Augsburg
Alle Fotos in diesem Buch stammen von der National Aeronautics and Space Administration (NASA). Die Autoren danken dem Johnson Space Center (JSC) in Houston/Texas und dem Kennedy Space Center in Florida für die freundliche Unterstützung.
Konzeption und Ausführung: IPa, Vaihingen/Enz
Gesamtherstellung: Offizin Andersen Nexö – ein Betrieb der
INTERDRUCK Graphischer Großbetrieb GmbH
Printed in Germany
ISBN 3-8289-5357-3

Inhalt

Gerhard Thiele, Alternate Payload Specialist des DLR
für die Spacelab-D-2-Mission
STS-55/Columbia im April/Mai 1993
Mission Specialist der ESA
für die Shuttle Radar Topographic Mission
STS-99/Endeavour im September 1999

Vorwort

von Gerhard Thiele

An der Schwelle des dritten Jahrtausends nach Christi Geburt schickt sich der Mensch an, seinen angestammten Lebensraum, den Planeten Erde, zu verlassen und seine Präsenz in den – vorerst noch erdnahen – Weltraum auszuweiten. Vieles spricht dafür, daß die geplante Internationale Raumstation der erste Schritt auf dem Wege zu einer dauerhaften Gegenwart des »Homo Sapiens« im Kosmos sein wird.

Wie weit sich die Raumfahrt in den letzten vier Jahrzehnten entwickelt hat, läßt sich gut an dem zweiten Raumflug John Glenns ablesen. Knapp fünf Stunden nach dem Start hatte die siebenköpfige Crew die erste Flugphase nach Eintritt in die Umlaufbahn (Post Insertion) abgeschlossen. Die Raumfähre Discovery konnte ihre eigentliche Mission beginnen, ein anspruchsvolles wissenschaftliches Experimentalprogramm in der Schwerelosigkeit durchzuführen. Der bahnbrechende erste Raumflug von John Glenn im Februar 1962 war dagegen nach knapp fünf Stunden bereits zu Ende, als die Mercury-Kapsel »Friendship 7« an einem Fallschirm im Atlantischen Ozean, etwa 1.000 km südöstlich von Bermuda, niederging.

Die ersten Jahre der Raumfahrt hatten das alleinige Ziel, einen Menschen auf dem Mond zu landen und wieder sicher zur Erde zurückzubringen. Die Amerikaner haben diese Herausforderung angenommen und gemeistert.

Dagegen scheint heute im All der Alltag eingekehrt zu sein. Wir haben uns an die Shuttle-Flüge gewöhnt und übersehen dabei mitunter, daß wir seit den 60er Jahren sehr viel gelernt haben. Wir können in der lebensfeindlichen Umgebung oberhalb unserer Atmosphäre nicht nur überleben, sondern auch sinnvoll arbeiten. Das amerikanische Space Shuttle hat dazu den entscheidenden Beitrag geleistet. Daß der Alltag im All spannende Geschichten schreibt, davon legt das vorliegende Buch Zeugnis ab.

Das herausragende Projekt in der Raumfahrt ist heute die Internationale Raumstation. Ihre vorrangige Zielsetzung ist in der Tat von historischer Bedeutung: Zum ersten Male strebt der Mensch die dauerhafte Präsenz im - wenn auch erdnahen - Kosmos an. Natürlich gibt es neben diesem primären Ziel noch weitere gute Gründe, eine Raumstation zu bauen: Neben industrie- und wirtschaftspolitischen Aspekten (Luft- und Raumfahrt sind Zukunftstechnologien) bietet eine Raumstation eine einzigartige Plattform für wissenschaftliche und technologische Experimente. Es ist nachzuweisen, daß ein so wagemutiges Unternehmen in breiter internationaler Kooperation, über alle und alte Grenzen hinweg, bewältigt werden kann. Die Raumstation wird ein Vorbild für die nächste Generation sein als ein Beispiel, welche Ziele wir Menschen erreichen können, wenn wir nur wollen. In Amerika spricht man ganz offen über das Ziel, »unsere Kinder zu inspirieren und auszubilden«.

Auf der Raumstation werden wir nach und nach lernen, daß sich Menschen über immer längere Zeiträume an eine fremde, wenn auch mitgestaltete Umgebung anpassen und dort sinnvoll arbeiten können. Daraus ergibt sich folgerichtig, daß die Raumstation nicht etwa Endstation, sondern Ausgangspunkt für den menschlichen Vorstoß in den Kosmos sein wird. Die Internationale Raumstation hat den Roten Planeten im Visier. So entfernt der Mars uns heute auch erscheinen mag, der Mensch wird zu ihm aufbrechen. Ich bin davon überzeugt, daß der Flug zum Mars in einem Zeitraum von etwa dreißig Jahren Wirklichkeit werden wird. Aber ob es nun 20, 30 oder 40 Jahre sind: Die ersten Menschen, die den Mars betreten werden, leben bereits heute unter uns.

Die Zukunft hat begonnen

USA
NASA
Atlantis

Prolog

»All«-Tag oder »All«-täglichkeit? – Das Space Shuttle im Einsatz

von Ralf Hupertz

Die Geschichte der bemannten amerikanischen Raumfahrt läßt sich grob in drei große, jeweils 15 bis 20 Jahre dauerende Abschnitte unterteilen:

1.) Im ersten Abschnitt von 1961 bis 1975 konzentrierten sich die USA auf ihr einziges großes, technologisches Ziel: die Landung eines Menschen auf dem Mond – das mit Apollo 11 im Jahr 1969 schließlich erreicht wurde. Nachfolgend kam das wissenschaftliche Anwendungsprogramm der Raumstation Skylab sowie zum Abschluß der Handschlag in der Erdumlaufbahn mit der Sowjetunion (Apollo/Sojus).
2.) Nach sechs Jahren Unterbrechung in der bemannten US-Raumfahrt begann 1981 mit dem Erststart des teilweise wiederverwendbaren Space Shuttle der zweite Abschnitt. Bis 1998 standen das Aussetzen und Wiedereinfangen sowie das Reparieren von kommerziellen und wissenschaftlichen Satelliten als auch Raumsonden auf dem Programm der amerikanischen Raumfahrtbehörde NASA. Hinzu kamen zahlreiche Wissenschaftsmissionen mit dem europäischen Raumlabor Spacelab und unzählige Experimente im Mitteldeck der Raumfähre. Die letzten drei Jahre waren durch die Ankopplungen der Space Shuttle-Orbiter an die russische Raumstation Mir bestimmt, die einen Neuanfang in der Geschichte der bemannten Raumfahrt einleiteten, die nun nicht mehr von der Konkurrenz bestimmt ist, sondern vielmehr in der Kooperation gelebt wird.
3.) Dieser Neuanfang wurde noch Ende 1998 fortgesetzt, als mit Sarja und Unity die ersten beiden Bauteile der Internationalen Raumstation (International Space Station, ISS) in die Erdumlaufbahn gebracht wurden. Dieser dritte Abschnitt, der bis etwa 2014 dauern wird, wird vornehmlich dem Aufbau (bis 2004) und dem zunächst zehnjährigen Betrieb der ISS, an der auch Europa, Japan und Kanada beteiligt sind, gewidmet sein – und die Hauptlast für all diese Aufgaben wird auf der Space Shuttle-Flotte mit ihren vier Orbitern liegen.

Nachdem das Projekt der bemannten Mondlandung uns innerhalb kürzester Zeit gezeigt hat, zu welchen technologischen Anstrengungen der Mensch im Weltraum fähig ist, beschritt das Space Shuttle-Programm einen ganz anderen Weg. Es hat uns demonstriert, wie wir den uns umgebenden Weltraum langfristig kommerziell und wissenschaftlich nutzbar machen können. Nach den schwierigen Anfangsjahren, die 1986 mit der Explosion der Raumfähre Challenger einen tragischen Höhepunkt fanden, ist der NASA in den letzten zehn Jahren aber endgültig der erfolgreiche Durchbruch mit ihrem Space Shuttle gelungen. Mit ihm wurden die Fähigkeiten des Menschen im Weltraum über die blose Anwesenheit hinaus auf das Arbeiten und Leben erweitert. Während früher nur rund fünf Astronauten pro Jahr in den Weltraum fliegen konnten, hat sich ihre Anzahl auf heute ca. 50 verzehnfacht.

Zusammen mit der im Verlauf des Programms in immer größerem Rahmen durchgeführten internationalen Kooperation (zunächst zwar nur mit Raumfahrtorganisationen befreundeter Nationen, später dann auch mit Rußland) kann im Weltraum die Zukunft der Erde (vor-) gelebt werden: eine Art globale Gemeinschaft, die zusammen versucht, ihre Probleme zu lösen. Problemlösungen beginnen in den Köpfen der Menschen, und die bemannte Raumfahrt bringt uns zwangsläufig dazu, globaler zu denken. Denn darin besteht eine der größten Chancen der bemannten Raumfahrt – und die ist erst mit dem Space Shuttle zu einem Stück »All«-Tag geworden.

Links: Gewaltig große Kettencrawler, die ihren Ursprung amerikanischen Tagebau-Kohlegruben verdanken, sorgen für den Transport des Space Shuttles zwischen dem Montagegebäude und den Startrampen.

NASA
United States
NASA
Atlantis
NO PARKING

Kapitel 1

Steffen Kaduk

Vorbereitungen am Boden

Vorbereitungen am Boden zum Flug in den Weltraum

Ein bemannter Raumflug war schon in den Tagen der kleinen und relativ einfach aufgebauten Mercury- und Gemini-Kapseln ein anspruchsvolles Unternehmen, das einer perfekten Vorbereitung bedurfte. Heute, im Zeitalter des Space Shuttle, ist das nicht anders. Im Gegenteil – die amerikanischen Raumfähren gelten zurecht als die komplexesten technischen Systeme, die je von Menschenhand geschaffen wurden. Und da im Weltraum alles möglichst reibungslos funktionieren soll, muß jeder Shuttle-Flug mit großer Präzision vorbereitet werden.

An diesem Prozeß, der in der Regel einige Monate dauert, sind hunderte hochqualifizierte Mitarbeiter der NASA sowie des privatwirtschaftlich geführten Service-Unternehmens United Space Alliance (USA) beteiligt. Jeder einzelne Arbeitsschritt ist in umfangreichen Plänen festgelegt, muß sorgfältig abgearbeitet, überprüft und protokolliert werden. Fast nichts geht mehr ohne die Hilfe von Computern, seien es nun Mitarbeiter-gebundene Laptops oder die Großrechner der NASA selbst.

Die Vorbereitung auf einen neuen Raumflug beginnt im Prinzip bereits mit der Rückkehr des Orbiters, also der eigentlichen Raumfähre, von seiner letzten Mission. Nach der Landung und dem Besatzungsausstieg wird der Orbiter gesichert und dann von einer Zugmaschine in einen der drei Hangars der Orbiter Processing Facility (OPF) des Kennedy Space Center (KSC) gebracht. In den heutzutage seltenen Fällen einer Landung auf einer

Rechts: Nach der Montage der Feststoffraketen wird der Außentank, der die Treibstoffe für die Orbiter-Haupttriebwerke aufnimmt, an die hohen Brückenkräne des Vehicle Assembly Building gehängt und anschließend zwischen die beiden Raketen montiert.

Atlantis vor dem Gebäudekomplex der Orbiter Processing Facility. In diesen Gebäuden werden die Orbiter unter Reinraum-Bedingungen gewartet und auf neue Einsätze vorbereitet.

Mit der Eisenbahn werden die einzelnen Bauteile für die Feststoffraketen des Space Shuttle zum Startplatz geliefert. Gerade trifft ein mit Treibstoff beladenes Segment ein.

fremden Rollbahn (z.B. auf der Luftwaffenbasis Edwards in Kalifornien) wird zunächst ein Überführungsflug auf dem Rücken einer NASA-eigenen Boeing 747 notwendig.

Im OPF-Hangar werden zunächst die Frachtraumtüren geöffnet und die Nutzlasten und Experimente der letzten Mission entfernt. Alle Bereiche des Orbiters werden gereinigt und einer genauen Inspektion unterzogen. Wichtig ist auch die Entsorgung von Treibstoffresten aus den internen Tanks, da diese z.T. sehr giftig und korrosiv sind. Als nächstes beginnt die technische Überprüfung aller Untersysteme des Orbiters. Falls notwendig, können einzelne Bauteile oder auch ganze Systeme gegen neue Einheiten ausgewechselt werden. Seit der Challenger-Katastrophe werden die drei Haupttriebwerke prinzipiell nach jedem Raumflug ausgebaut und durch baugleiche Motoren ersetzt, die zwischenzeitlich einer kompletten externen Wartung unterzogen worden sind. Andere komplexe Untersysteme wie die Brennstoffzellen zur Energieversorgung, die Hilfsenergieeinheiten (Auxiliary Power Units, APUs) oder die Module mit den Manövrier- und Lageregelungs-Triebwerken werden bei größeren Defekten oder ansonsten einem bestimmten Turnus folgend ausgewechselt. Ist der Orbiter wieder in technischem Bestzustand, beginnt der Einbau der Nutzlasten, Experimente und Versorgungsgüter für den nächsten Raumflug. Sehr große und schwere Nutzlasten können allerdings auch erst auf der Startrampe in den Frachtraum eingebaut werden. Die dazu notwendigen Transportbehälter, Fahrzeuge, klimatisierten Räume und Kräne sind im Kennedy Space Center alle vorhanden. Bei den Nutzlasten für einen Shuttle-Flug reicht die Palette von über 20 t schweren Satelliten über die begehbaren Labor- und Logistikmodule Spacelab und Spacehab mit ihren wissenschaftlichen Experimenten bis hin zu Mini-Geräten, die ein Astronaut in seine Tasche stecken könnte. Die meisten Nutzlasten und Experimente werden in der Regel schon Jahre zuvor einem bestimmten Flug zugeordnet und dann sehr zeitig an die NASA ausgeliefert. Diese prüft noch einmal, ob die Hardware den Sicherheitsbestimmungen entspricht und mit den Systemen des Shuttle kompatibel ist. Des weiteren führt die NASA selbst letzte Tests mit den Nutzlasten durch und bereitet sie auf den Einbau in den Orbiter vor. Für das Training der Astronauten müssen zusätzlich Ingenieurmodelle zur Verfügung gestellt werden, die mit den Originalen weitgehend identisch sind. Im Kennedy

Techniker überprüfen das Innere eines mit Treibstoff beladenes Segments für die Feststoffraketen. Durch die Öffnung wird später der durch das Abbrennen des Treibstoffs erzeugte Gasstrahl der Rakete geleitet.

Space Center existieren mehrere Gebäude und Einrichtungen, in denen praktisch jede denkbare Nutzlast behandelt werden kann. Speziell gesicherte Objekte sind für die Handhabung von explosiven oder radioaktiven Stoffen vorhanden, wie sie zum Beispiel in Raketenstufen oder nuklearen Energieversorgungssystemen für Raumsonden vorkommen.

Im Montagegebäude VAB

Während also im OPF-Hangar der Orbiter auf seine nächste Mission vorbereitet wird, läuft parallel dazu im Vehicle Assembly Building (VAB) die Montage der Feststoffraketen (Solid Rocket Boosters, SRBs). Das riesige Montagegebäude mit einer Bodenfläche von 218 m x 158 m und einer Höhe von 160 m stammt noch aus der Zeit der gewaltigen Saturn-Mondraketen und läßt das Space Shuttle in seinem Inneren fast winzig wirken.

Die SRBs werden von ihrem Hersteller im Bundesstaat Utah per Eisenbahn in Form einzelner, zylinderförmiger Segmente angeliefert, die bereits vollständig mit festem Raketentreibstoff gefüllt sind. Mit Hilfe von Brückenkränen werden die Segmente aufeinandergesetzt, wobei als Montagegrundlage bereits jene Plattform dient, von der das Space Shuttle später startet. Obwohl eine komplett montierte Rakete fast 600 t wiegt, muß der Zusammenbau der Segmente mit chirurgischer Präzision erfolgen. Denn die Verbindungsstellen zwischen zwei Segmenten, die über ein ganzes System von Dichtungsringen verfügen, gelten seit der Challenger-Katastrophe als kritischer Punkt des Space Shuttle.

Wenn beide Zusatzraketen fertig zusammengebaut sind und alle Lecktests absolviert haben, wird zwischen ihnen der riesige, rostbraun gefärbte Außentank (External Tank, ET) aufgehängt. Der Außentank, der erst kurz vor dem Start mit flüssigem Wasserstoff und flüssigem Sau-

Blick auf das Heck der Raumfähre Discovery. Alle drei SSME-Haupttriebwerke sind ausgebaut. Mit dem Spezialgabelstabler (links) wird ein neues Haupttriebwerk eingebaut.

Rechts: Montage einer Space Shuttle-Feststoffrakete. Ein Techniker wird in die montierte Rakete herabgelassen, um von innen letzte Prüfungen durchzuführen.

USA

Space Shuttle Discovery wird zur weiteren Startvorbereitung per Tieflader in das Vehicle Assembly Building gefahren, wo bereits die Feststoffraketen und der Außentank warten.

erstoff gefüllt wird, gilt zurecht als ein Wunderwerk der Ingenieurkunst, denn er kann bei einer Eigenmasse von nur 29,9 t über 700 t der oben erwähnten superkalten Treibstoffe aufnehmen. Er wird heute von der Firma Lockheed Martin in der Nähe von New Orleans hergestellt und erreicht das Kennedy Space Center auf zwar altmodische, aber dafür recht sichere und billige Art. Eingesetzt wird ein flachgehender Lastkahn mit einem Schutzdach, denn Cape Canaveral ist ja von New Orleans aus direkt auf dem Wasserweg erreichbar.

Wenn ET und SRBs miteinander verbunden sind, ist dieser Teil des Space Shuttle bereit für die Montage des Orbiters. Der fertig ausgerüstete Orbiter wird mit einem Spezial-Tieflader vom OPF-Hangar in das benachbarte VAB gebracht. Ein Brückenkran hebt ihn dort vorsichtig in eine vertikale Position und bringt ihn millimetergenau an die Befestigungspunkte am Außentank heran. Nach der mechanischen Verbindung beider Elemente folgt ein ganzes Programm von Tests, mit denen sichergestellt wird, daß alle elektrischen, elektronischen und sonstigen Verbindungen zwischen den Shuttle-Komponenten in Ordnung sind.

Links: Vorsichtig wird der Orbiter Endeavour von der Decke aus heruntergelassen, um anschließend an den Außentank montiert zu werden.

Am Startkomplex LC-39

Ist das der Fall, kann das nun komplett montierte Space Shuttle zur Startrampe gebracht werden. Im Kennedy Space Center existieren zwei nahezu identische Startkomplexe für das Space Shuttle, die die Bezeichnung 39A und 39B tragen. Ihr auffälligster Teil ist ein 106 m hoher Startturm, der die Basis für alle Bodenanlagen bil-

Columbia steht auf der Startrampe 39A. Hinter ihr sieht man den Serviceturm, durch den die Nutzlasten in die Ladesbucht und die Astronauten in das Cockpit gelangen.

det, die für die letzte Phase der Startvorbereitungen, die Betankung, den Besatzungseinstieg und den eigentlichen Start benötigt werden. Der Startkomplex 39A ist – nicht zuletzt aus Sicherheitsgründen – 5,3 km vom VAB entfernt und sein Gegenstück 39B sogar 6,8 km.

Um die samt Space Shuttle rund 5.000 t schwere Startplattform über eine derartige Entfernung transportieren zu können, bedarf es eines recht eigenartigen Vehikels, das als größtes Landfahrzeug der Welt sogar Eingang ins »Guiness Book of Records« gefunden hat. Dieser Crawler Transporter fährt auf acht riesigen Gleisketten, die 2,3 m breit, über 12 m lang und 3 m hoch sind. Sie werden von nicht weniger als 16 unabhängigen Elektromotoren angetrieben. Diese wiederum beziehen ihre Energie von zwei 2.750 PS starken Dieselmotoren, die auf vier Ein-Megawatt-Generatoren geschaltet sind. Die maximale Fahrgeschwindigkeit des Crawler im beladenen Zustand liegt bei 1,6 km/h, und der Treibstoffverbrauch beträgt dann rekordverdächtige 620 Liter pro Kilometer!

Wenn die Startplattform mit dem Space Shuttle nach rund sechs Stunden Fahrt am vorgesehenen Startkomplex angekommen ist, wird sie vom Crawler millimetergenau auf fast 7 m hohen Stahlbetonpfeilern abgesetzt, und der Transporter entfernt sich wieder. Die nächsten Wochen bringen nun die Endphase der Vorbereitung des Shuttle auf den Start. Es erfolgt eine Verbindung mit den Bodenanlagen, über die später die Betankung mit den verschiedenen Treib- und Betriebsstoffen erfolgt. Wie bereits erwähnt, können auf der Startrampe auch noch große Nutzlasten in den Frachtraum eingebracht werden.

Rechts: Die Atlantis steht auf der mobilen Startplattform und wird mit Hilfe eines speziellen Raupenschleppers zum Startkomplex gefahren.

USA
NASA
Atlantis

SA

Dazu verfügen beide Startkomplexe über einen großen Reinstraum, der in seinen Ausmaßen in etwa dem Shuttle-Frachtraum entspricht. In diesem Raum können die Nutzlasten fast beliebig lange zwischengelagert werden, ohne daß die Gefahr einer Kontamination durch Staub, Feuchtigkeit oder Meersalz besteht. Wenn das Space Shuttle dann bereit ist, wird der Nutzlastaustauschraum an den Orbiter herangefahren. Das Öffnen der Frachtraumtüren und der Transfer der Nutzlast vollziehen sich natürlich ebenfalls in einer garantierten Reinstraumatmosphäre.
Rückt der geplante Starttermin näher, findet eine Art Generalprobe für den Countdown statt, die als Terminal Countdown Demonstration Test bezeichnet wird. An diesem Test nimmt die gesamte Besatzung der bevorstehenden Mission teil. Die Astronauten halten sich dabei einige Stunden lang im Cockpit und Mitteldeck des Orbiters auf und trainieren noch einmal verschiedene Notfallprozeduren. Etwa drei Tage vor dem Start beginnt schließlich der richtige Countdown. Die NASA hat für das Space Shuttle einen 43 Stunden langen Standard-Countdown entwickelt, der allerdings noch zahlreiche, von vornherein eingeplante Haltephasen enthält. So ergibt sich meist eine Gesamtdauer von rund drei Tagen. Insgesamt liegen zwischen zwei Raumflügen ein und desselben Orbiters heutzutage meist vier bis fünf Monate, manchmal aber auch mehr als ein halbes Jahr. Da die NASA vier Orbiter einsetzen kann (Columbia, Discovery, Atlantis und Endeavour), wären zehn Shuttle-Flüge pro Jahr durchaus realisierbar. Tatsächlich sind es derzeit aber höchstens sieben bis acht Missionen pro Kalenderjahr. Den Rekord für die kürzeste Zeit zwischen zwei Starts in den Weltraum hält der Orbiter Atlantis mit 50 Tagen. Er stammt noch aus dem Jahr 1985, also aus der Zeit vor der Challenger-Katastrophe.

Links: Columbia auf dem Weg zum Startkomplex.

Auf halber Strecke zwischen dem Vehicle Assembly Building und den Startrampen trennt sich der Transportweg zur Startrampe 39A und 39B.

Kapitel 2

Steffen Kaduk

Astronauten

Astronauten – Auswahl und Ausbildung

Eine der ersten Aufgaben der NASA nach ihrer Gründung im Oktober 1958 war die Auswahl geeigneter Personen, die das noch zu entwickelnde erste bemannte Raumschiff der USA fliegen sollten. Nach gründlichen Überlegungen und Verhandlungen mit anderen Regierungsbehörden einigte man sich Anfang 1959 auf folgende Auswahlkriterien für die ersten Astronauten: Nicht älter als 40 Jahre; nicht größer als 1,80 m; ausgezeichnete gesundheitliche Verfassung; Abschluß einer Schule für Testpiloten; Besitz des akademischen Titels »Bachelor of Science«; 1.500 Flugstunden auf strahlgetriebenen Flugzeugen oder zehn Jahre Flugerfahrung. Ergebnis dieser Ausschreibung war die erste Astronautengruppe der NASA – sieben kerngesunde, äußerst erfahrene Offiziere der verschiedenen Teilstreitkräfte der US Army, die im Rahmen des Mercury-Programms Raumfahrtgeschichte schreiben sollten.

Jahrzehntelang prägten diese Männer unsere Vorstellungen vom Beruf des Astronauten, doch in der heutigen

Rechts: Ständiges Flugtraining gehört zur Vorbereitung von Astronauten. Im Bild der Russe Wladimir Titow in einem T-38-Jet-Trainer der NASA.

John Glenn – 1962 war er der erste Amerikaner in der Erdumlaufbahn. Im Oktober 1998 flog er im Alter von 77 Jahren noch einmal in den Weltraum.

CANOPY OPERATING HANDLES INSIDE
WARNING
REAR CANOPY
LOCKED
UNSAFE
WARNING
THIS AIRPLANE CONTAINS
CANOPY REMOVERS CONTAINING
EXPLOSIVE CHARGES. SEE APPLICABLE
-2 AIRCRAFT T.O. FOR COMPLETE
INSTRUCTIONS
OPEN DOOR.
OUT 6FT
NOPY.
RESCUE
MERGENCY
SE ONLY
STEP

Cathrin Coleman (links) und Mary Weber bei einer Schulung zum Überlebenstraining.

Ein Ausbilder zeigt Astronaut Mike Gernhardt, auf was im Wald zu achten ist.

Zeit des Space Shuttle ist das nur noch die halbe Wahrheit. Zwar werden auch für dieses Raumfahrzeug noch erfahrene Jet-Flieger – meist ehemalige Militärpiloten – benötigt, aber als Kommandant und Pilot bilden sie nur einen Teil der Shuttle-Crew. Der andere Teil besteht aus den sogenannten Missions- und Nutzlastspezialisten, die mit dem Betrieb und der Flugführung des Orbiters nur noch wenig zu tun haben. Ihre Aufgaben sind die Betreuung der wissenschaftlichen Experimente, das Einfangen und die Reparatur von Satelliten, die Durchführung diverser Arbeiten bei Außenbordaktivitäten und ganz allgemein die Organisation eines möglichst angenehmen Lebens- und Arbeitsregimes an Bord der Raumfähren. Für sie galten und gelten daher auch ganz andere Auswahlkriterien: Eine profunde und möglichst vielseitige wissenschaftliche Ausbildung (mindestens »Bachelor of Science«); das sogenannte Gesundheitszeugnis 2. Klasse (keine akuten oder chronischen Krankheiten, aber auch keine besonderen Anforderungen an Gesundheitszustand und Fitneß); Größe zwischen 1,53 m und 1,93 m (wegen der eventuell zu tragenden Raumanzüge für Außenbordaktivitäten). Eine Altersbegrenzung existiert nicht mehr, ebenso gibt es für die Shuttle-Astronauten keinerlei Restriktionen hinsichtlich Geschlecht oder ethnischer Zugehörigkeit. Was zählt, sind nur noch Wissen, Können und Leistung.

Dafür werden die zukünftigen Astronauten nach ihrer Auswahl durch die NASA umfassend ausgebildet und so perfekt wie nur irgend möglich auf ihre Einsätze im Weltall vorbereitet. Alles beginnt mit einer etwa einjährigen Grundausbildung, entweder zum zukünftigen Piloten (und später Kommandanten) eines Shuttle oder zum Missionsspezialisten. Die Nutzlastspezialisten, die meist nur an einer einzigen Mission teilnehmen, gehören nicht zum Astronautenkorps der NASA und werden in der Regel von ausländischen Raumfahrtbehörden, diversen Firmen oder Bildungseinrichtungen benannt. Sie durchlaufen dann bei der NASA ein stark verkürztes Trainingsprogramm, da sie mit den Systemen des Shuttle selbst so gut wie gar nicht in Berührung kommen. Während der Grundausbildung werden die zukünftigen NASA-Astronauten mit allen Aspekten eines Raumfluges vertraut gemacht und lernen nach und nach die einzelnen Systeme des Space Shuttle im Detail kennen.

Simulatoren – Probieren geht über Studieren

Die Ausbildung findet im wesentlichen im Johnson Space Center (JSC) der NASA in Houston / Texas statt, wo sich auch das Bodenkontrollzentrum für alle bemannten Raumflüge der USA befindet. Im JSC existieren neben ganz normalen akademischen Bildungsstätten und den unterschiedlichsten Laboratorien mehrere

Rechts: Kleine Pause beim Überlebenstraining. Astronaut Chris Hadfield gibt mit seiner Gitarre eine musikalische Einlage.

NASA

Simulatoren, die die Grundlage der Astronautenausbildung bilden. An erster Stelle stehen zwei Missionssimulatoren, die den gesamten Crewbereich eines Space Shuttle völlig naturgetreu wiedergeben. Einer der Simulatoren ist beweglich und dient dem Training der Phasen Start, Wiedereintritt und Landung. Dazu kann er sogar vollständig in eine vertikale Position gebracht werden, was dann einem Space Shuttle auf der Startrampe entspricht. Der andere Simulator ist unbeweglich, denn in ihm werden die Missionsabschnitte im Weltall trainiert, bei denen ohnehin kaum Bewegungen zu spüren sind. In diesem Simulator können mehrere Astronauten tagelang leben und arbeiten, um einen vollständigen Raumflug zu simulieren. Die Instrumente, Anzeigen und Bedieneinrichtungen in den Simulatoren, die bis ins letzte Detail denen einer echten Raumfähre entsprechen, sind an Großrechner angeschlossen, mit deren Hilfe jeder Flugzustand, jede denkbare Fehlfunktion und sogar richtige »Katastrophen« durchgespielt werden können. Die Kommunikationssysteme lassen sich mit denen des Bodenkontrollzentrums verbinden, um auch die Mannschaften dort trainieren zu können. Schließlich befinden sich hinter den Fenstern der Simulatoren hochleistungsfähige Sichtsysteme, die die zur jeweiligen Situation passenden »Außenansichten« generieren.

Trainingsstunden in den beiden Missionssimulatoren sind natürlich extrem teuer und stark gefragt, weshalb noch weitere Nachbildungen der Bugsektion eines Space Shuttle existieren. Diese sind ebenso naturgetreu, verfügen aber nicht über die hochwertige technische Ausstattung. Hier können die zukünftigen Astronauten ganz alltägliche Dinge wie regulären Ein- und Ausstieg, Notausstieg, Schlafen, Essen, persönliche Hygiene oder die Benutzung der Toilette üben. Weitere Simulatoren geben den Frachtraum wieder, das Labormodul Spacelab oder ermöglichen das Training der Arbeit mit dem riesigen Manipulatorarm (Remote Manipulator System, RMS).

Schwerelosigkeit unter Wasser und in der Luft

Großen Raum nimmt das Training von Außenbordaktivitäten in Anspruch, die allgemein als äußerst schwierig gelten. Damit sich die Astronauten unter den Bedingungen der irdischen Gravitation in den schweren Raumanzügen überhaupt bewegen können, hat sich die NASA etwas ganz besonderes einfallen lassen. In einer großen Halle im JSC, die zu Apollo-Zeiten die aus manchen Filmen bekannte Zentrifuge beherbergt hat, befindet sich jetzt ein rund 24 m x 10 m großes Wasserbecken mit einer Tiefe von 7,6 m. Es faßt nahezu zwei Millionen Liter Wasser, die bei einer Temperatur von konstant 36 Grad Celsius gehalten werden und dem Vernehmen nach recht heftig gechlort sind.

In diesem Wasserbecken befindet sich ein Nachbau des Mitteldecks sowie des Frachtraums eines Space Shuttle. Unterstützt und gesichert von Tauchern können hier mehrere Astronauten in Raumanzügen Arbeiten im freien Weltall üben. Der Clou dabei ist, daß die Raumanzüge mit zusätzlichen Gewichten so genau austariert werden, daß die Astronauten das Gefühl haben, wie im Weltall zu schweben. Stehen schwierige Außenbordaktivitäten auf dem Flugplan, wird zusätzlich ein Modell der betroffenen Nutzlast im Wasser versenkt. An diesem können die Astronauten alle Arbeiten sehr realitätsnah trainieren. Im Falle der Reparaturen am Hubble Space Telescope zum Beispiel verbrachten Jeffrey Hoffman, Story Musgrave, Kathryn Thornton und Thomas Akers insgesamt 394 Stunden unter Wasser, bis sie jeden Handgriff ihrer Reparatur- und Wartungsarbeiten im Schlaf beherrschten. Dafür stand ihnen ein Modell des Teleskops in Originalgröße mit allen wichtigen Details zur Verfügung.

Um Neulingen im Astronautenkorps einen Vorgeschmack auf die »richtige« Schwerelosigkeit zu geben, verfügt die NASA zudem über ein speziell ausgerüstetes Transportflugzeug, dessen Spezialität der Flug entlang einer gedachten Wurfparabel ist. Bei solch einem Kurs stellt sich im Inneren der Maschine für kurze Zeit Schwerelosigkeit ein. Dann können die Astronautenanwärter beispielsweise das Anlegen ihrer Schutzanzüge im Weltall üben.

Vorherige Doppelseite: Gruppenbild der STS-36-Crew im Flugsimulator. Von links: Pilot John Casper, die Missionsspezialisten Pierre Thuot, David Hilmers und Richard Mullane sowie Kommandant John Creighton. Die Astronauten tragen auf diesem Bild spezielle Sicherheitsdruckanzüge wie auf ihren Flügen beim Start und bei der Landung.

Rechts: Lacy Veach erlebt in einem KC-135-Ausbildungsflugzeug einen Vorgeschmack auf die Schwerelosigkeit. Auf einer parabolischen Flugkurve befindet sich das Flugzeug für kurze Zeit im freien Fall, so daß Schwerelosigkeit herrscht.

Wüste oder Ozean – Überlebenstraining

Zu den Zeiten der frühen bemannten Raumflugprogramme legte die NASA viel Wert auf ein Überlebenstraining ihrer Besatzungen in der Wildnis, denn eine Notlandung abseits der Zivilisation war nie ganz ausgeschlossen. Beim Space Shuttle, das auch im Notfall zu einem größeren Landeplatz zurückkehren sollte, ging man davon zunächst ab. Nach der Challenger-Katastrophe führte die NASA den Aufenthalt in sogenannten Überlebenscamps wieder ein, weil die Astronauten jetzt bei einem Notfall, der keine sichere Landung mehr zuläßt, mit einem Fallschirm abspringen können. Unter der Aufsicht erfahrener Spezialisten, die zum Teil von den US-Streitkräften kommen, lernen die Astronauten dort, einige Tage selbst in der tiefsten und gefährlichsten Wildnis zu überleben. Dazu gehört der Bau provisorischer Unterkünfte, das Anlegen von Feuerstellen, die Zubereitung von Nahrung und schließlich der Marsch in schwierigem Gelände. Da ein Absprung mit dem Fallschirm auch im Wasser eines Ozeans enden kann, wird diese Station ebenfalls trainiert. Im JSC existiert ein weiteres Wasserbecken, in das hinein Fallschirmabsprünge simuliert werden können. Hier lernen die Astronauten unter anderem den Umgang mit dem Rettungsfloß, das in ihre partiellen Schutzanzüge für Start und Landung auf perfekte Weise integriert ist.

Große Aufmerksamkeit widmet die NASA schließlich auch dem Sicherheitstraining auf der Startrampe. Bei einem Notfall vor dem Abheben des Space Shuttle, zum Beispiel einem Brand, muß die Crew den Orbiter schnellsten verlassen und sich in Sicherheit bringen. Dazu stehen an jedem Startkomplex in Höhe der Einstiegsluke des Orbiters sieben etwas ungewöhnlich aussehende Seilbahnkörbe bereit. Jeder Korb kann drei bis vier Personen aufnehmen und diese nach dem Ausklinken in Sekundenschnelle zu einer »Talstation« befördern. Dort befinden sich Bunker, die selbst vor einer Explosion des

Links: Nancy Sherlock trainiert einen Fallschirmsprung für eine eventuelle Shuttle-Evakuierung während einer Notfallsituation innerhalb der Erdatmosphäre.

Der russische Kosmonaut Sergej Krikaljow beim Sicherheitstraining während der Ausbildung zu seinem ersten Shuttle-Flug.

Shuttle direkt auf der Startrampe schützen sollten. Alternativ steht ein gepanzertes Kettenfahrzeug für die weitere Flucht bereit, falls der Charakter der Notsituation dies erlaubt. Alle Astronauten müssen die Evakuierung aus dem startbereiten Shuttle im Schlaf beherrschen, weshalb es auch immer wieder trainiert wird. Zuletzt sogar nur zwei Wochen vor dem geplanten Start, wenn die betreffende Raumfähre »im Original« auf der Startrampe zur Verfügung steht.

Weit weniger spektakulär als diese bestens organisierte Flucht aus dem Shuttle ist das Studium der wissenschaftlichen Experimente, die von den Missions- und Nutzlastspezialisten im Weltraum betreut werden sollen. Da selten alles perfekt klappt und oft genug ein wenig improvisiert werden muß, nützt es nichts, wenn die Crew praktisch nur zum »Knöpfchendrücken« angeleitet werden würde. Jeder einzelne Missionsspezialist muß das Experiment vielmehr bis in die letzte Einzelheit kennen, seinen Sinn verstehen und die möglichen Versuchsergebnisse vorläufig interpretieren können. Das setzt eine ausgezeichnete wissenschaftliche Ausbildung voraus, ohne die heute niemand mehr Astronaut werden kann. Die Industrieunternehmen, Universitäten, Hochschulen und Forschungseinrichtungen, die Experimente auf dem Shuttle fliegen wollen, müssen der NASA neben der sogenannten Flugeinheit ihrer Anlage immer auch ein oder mehrere identische Ingenieurmodelle zur Verfügung stellen, die dann für die Ausbildung der Crew benutzt werden. Hinzu kommen fast immer persönliche Kontakte der Missionsspezialisten mit den Wissenschaftlern und Technikern, die die Experimente erdacht, entwickelt und gebaut haben.

Rechts: James Voss übt den Ausstieg aus dem Shuttle.

Bei Feuer auf der Startrampe kann sich die Besatzung mit einer Art Seilbahn in Sicherheit bringen. Dafür müssen sie den Shuttle verlassen und in bereithängende Körbe steigen, die dann in rasanter Fahrt direkt zu einem in sicherem Abstand befindlichen Bunker führen.

Kapitel 3

Arno Fellenberg

Labore, Satelliten, Raumsonden

Labore, Satelliten, Raumsonden

Nutzlasten für das Space Shuttle

Lange bevor ein Space Shuttle ins All startet, legt die NASA fest, welche Nutzlast es an Bord nehmen wird. Entwicklung und Bau der Nutzlast, sei es ein Satellit, eine Raumsonde, ein Weltraumlabor oder auch nur ein kleines Experiment in einem Außenbord-Container, haben schon erheblich früher begonnen. Ernst wird es einige Monate vor dem Startdatum, wenn die Nutzlasten in den Labors und Fertigungsstätten der Hersteller und Experimentatoren fertiggestellt sind und auf die Reise nach Cape Canaveral vorbereitet werden. Während dieser Zeit absolviert der für die Mission vorgesehene Orbiter meist noch die Vorbereitung und Durchführung der Vorgängermission. Mit lautem Überschallknall kündigt er schließlich seine Rückkehr ins Raumfahrtzentrum nach Florida an oder schwebt auf dem Rücken der Boeing 747 in Cape Canaveral ein. Während sich die Techniker darum kümmern, das Shuttle von seiner alten Mission zu »entrümpeln«, gründlich zu reinigen und genauestens zu überprüfen, laufen in einem anderen Teil des Raumfahrtzentrums bereits die Vorbereitungen auf die nächste Mission.

Je nach Komplexität des bevorstehenden Shuttle-Fluges sind hierfür in verschiedenen Bereichen des Kennedy Space Center (KSC) vielfältige Arbeiten nötig. So werden z.B. für den Start eines der großen Relaissatelliten, die die NASA für den lückenlosen Funkverkehr zu den Shuttles auf einer geostationären Umlaufbahn in rund 36.000 km Höhe stationiert, mehrere Komponenten benötigt. Dies trifft auch für Nachrichtensatelliten oder Raumsonden zu. Zunächst liefert der Hersteller der für diese Missionen benötigten Raketenmotoren die entsprechenden Antriebseinheiten per Flugzeug nach Cape Canaveral. Diese werden dann im Wartungsgebäude für gefährliche Nutzlasten (Payload Hazardous Servicing Facility, PHSF) nochmals genauestens untersucht und auf den Flug an Bord der Raumfähre vorbereitet.

Von der Anlieferung bis zum Aussetzen

Als Beispiel einer solchen Vorbereitung soll der technologische Kommunikationssatellit ACTS (Advanced Communications Technology Satellite) der NASA dienen. Er wurde an Bord eines C-58-Militärtransporters vom Hersteller zum Cape nach Florida geflogen. Hier traf ACTS am 11. Februar 1993 ein. Im Spacecraft Hangar A-0 begann danach die Überprüfung aller Systeme des Satelliten, während im großen Montagegebäude des Startkomplexes 39 (Vehicle Assembly Building, VAB) die Raumfähre Discovery noch auf die Vorgängermission vorbereitet wurde.

Am 8. März wurde der komplett durchgecheckte Satellit dann zur PHSF gebracht, wo bereits die Antriebsrakete (Transfer Orbit Stage, TOS) wartete. Beide Flugeinheiten wurden hier miteinander vereinigt und nochmals genauesten Tests unterzogen. Während dieser Prozeduren absolvierte die Discovery ihre Mission STS-56 mit der Atmosphärenforschungsnutzlast ATLAS-2 an Bord. Als sie am 17. April wieder in Cape Canaveral landete, hatte die ACTS/TOS-Kombination bereits die meisten Checks hinter sich. Sofort nach der Landung wurde die Fähre in den Shuttle-Hangar, die Orbiter Processing Facility (OPF), gebracht. Hier wurden alle Nachflug-

Rechts: Die Atlantis steht noch horizontal in der Orbiter Processing Facility und erhält gerade das Orbiter Docking System (ODS) eingebaut. Mit diesem System konnten die US-Raumfähren an die russische Raumstation Mir anlegen.

REMOVE BEFORE FLIGHT

Rechts: Das Hubble Space Telescope, das bislang größte transportierte Objekt eines Space Shuttle, während der Endmontage beim Hersteller Lockheed in Kalifornien.

Mit zusätzlichen Raketenstufen, wie der Inertial Upper Stage (IUS), die u. a. für den NASA-eigenen Datenrelaissatelliten, Tracking and Data Relay Satellite (TDRS-F), eingesetzt wurde, werden Satelliten, die das Space Shuttle im Weltraum abgesetzt hat, auf ihre endgültige Umlaufbahn transportiert.

Operationen und Inspektionen vorgenommen. Schließlich wurde der Orbiter hier auch auf die Aufnahme der neuen Nutzlast vorbereitet. ACTS/OS wurde am 7. Mai von der PHSF zur Vertical Processing Facility (VPF) transportiert, eine Fahrt von etwa eineinhalb Kilometer Länge innerhalb des sog. Industrie-Gebietes des KSC. Der Satellit war zu diesem Zeitpunkt bereits mit den lagerfähigen Treibstoffen seines Lagekontrollsystems betankt worden. Hier wurde die Kombination mittels einer als Cargo Integrated Equipment Test (CIET) bezeichneten Systemüberprüfung unterzogen, die sicherstellen sollte, daß alle technischen Systeme von Nutzlast und Raumfähre zusammenpassen und der Satellit von Bord des Raumschiffs überprüft und ausgesetzt werden kann. Ende Mai waren diese Tests erfolgreich durchgeführt, und die Satellitenkombination wurde auf ihren Einbau in die Raumfähre vorbereitet. Am 18. Juni war die Discovery auf ihre neue Mission STS-51 soweit vorbereitet, daß sie die OPF-Bay 3 verlassen konnte und zur VAB-Montagebucht 1 gerollt wurde. Hier erfolgte der Zusammenbau von Raumfähre mit der Kombination aus großem Außentank (External Tank, ET) und den beiden Feststoff-Zusatzboostern (Solid Rocket Boosters, SRBs). Am 26. Juni wurde das gesamte Gefährt schließlich zur Startplattform 39B gefahren. Zu dieser Zeit befand sich die ACTS/TOS-Nutzlast bereits im Nutzlastkanister am Pad 39B, der Transporteinheit, in der die Nutzlast vertikal zur auf der Startplattform stehenden Raumfähre transportiert wird. In diesem Kanister wurde die Nutzlast in den Nutzlastaustauschraum (Payload Changeout Room, PCR) des Startkomplexes gebracht. Gleichzeitig wurde auch die zweite große Nutzlast der Mission, der wiederverwendbare deutsche Freiflugsatellit ORFEUS-SPAS, auf gleiche Weise zur Abschußrampe transportiert. Nach der Montage der beiden Nutzlasten in die Ladebucht der Discovery begannen am 29. Juni umfangreiche Systemtests, die zunächst das programmgemäße Zusammenwirken von ACTS/TOS und Raumfähre absichern sollten. Am 3. Juli waren dann auch entsprechende Tests der SPAS-Nutzlast abgeschlossen. Bereits wenige Tage zuvor waren alle Systeme der Raumfähre nochmals geprüft worden, so daß bereits am 1. Juli, nach der Flugbereitschaftsüberprüfung, der sog. Flight

NASA
esa

NO STEP
NOT STEP OR SIT

Readiness Review (FRR), der Starttermin auf den 17. Juli 1993 festgelegt werden konnte. Zwar startete die Discovery dann aus technischen Gründen erst am 24. Juli, die Nutzlasten jedenfalls konnten wie geplant ihre Missionen erfüllen.

Installation in der Waagerechten…

Dies ist nur ein Beispiel dafür, welchen Aufwand es bedeutet, einen Satelliten an Bord eines Shuttle ins All tragen zu lassen. Nicht weniger aufwendig ist es natürlich, das Weltraumlabor Spacelab oder das Mitteldeckerweiterungsmodul Spacehab an Bord der Raumfähre zu installieren, um sie im All zu vielfältigen Forschungszwecken zu nutzen. Wie auch so manche andere Nutzlasten, z.B. die Kopplungseinheit für Flüge zur Mir- oder der Internationalen Raumstation, wird das Spacelab horizontal in die Shuttle-Ladebucht eingebaut. Hierzu wird die entsprechende Nutzlastkonfiguration per Kran in der OPF über den am Boden stehenden Shuttle gehoben und in die Ladebucht abgesetzt, wo sie sicher verstaut wird. Dort werden dann auch alle Verbindungen zu den Systemen des Shuttle installiert, die den Laboreinrichtungen erst das Funktionieren im All ermöglichen. Die folgenden Überprüfungen aller Gesamtsysteme müssen natürlich besonders zuverlässig erfolgen, könnte doch das kleinste Leck schon zu einer großen Gefahr für die Forscher im All werden.
In dieser Position des Orbiters werden auch viele der sekundären Nutzlasten in das Shuttle eingebaut. Dabei kann es sich um einfache Außenbord-Experimente in den sog. GAS-Kanistern (Get-Away Special) handeln, aber auch um komplexe Forschungseinrichtungen auf offenen Flächen in der Ladebucht. Auch im Mitteldeck der Besatzungskabine der Raumfähre werden in der OPF zahlreiche Experimentiervorrichtungen eingebaut. Von Flug zu Flug ändern sich diese Einrichtungen, müssen also größtenteils ausgetauscht werden. In diesem Bereich der Raumfähre werden zahlreiche kleinere, auch kommerzielle Forschungsvorhaben abgewickelt, die nur selten in die Schlagzeilen kommen.

Links: Während der Vorbereitung auf eine neue Mission wurde ein Teil der Columbia-Laderaumverkleidung geöffnet, um Wartungsarbeiten durchführen zu können. Um Fehlfunktionen durch Staub zu verhindern, werden solche Arbeiten unter Reinraum-Bedingungen durchgeführt.

Auf der Startrampe 39B wurde in senkrechter Position der Technologiesatellit ACTS in den Laderaum der Discovery eingebaut (hinter den vier Technikern). Über ACTS ist der in Deutschland gebaute Forschungssatellit ORFEUS-SPAS zu erkennen.

…und Senkrechten

Ein derart ausgerüsteter Orbiter kommt also nicht mit »leerem Bauch« in die riesige VAB-Montagehalle, wo er auf die ET/SRB-Kombination montiert wird. Aber auch wenn das Gesamtgerät auf der Startplattform steht, gibt es noch genügend Möglichkeiten, Arbeiten an der Nutzlast auszuführen (ein Großteil der Ladebucht-Nutzlasten, z.B. das Spacehab oder größere Satelliten wie ACTS und TDRS, wird im Gegensatz zum Spacelab sogar erst hier in der senkrechten Position eingebaut). Hierzu besteht nicht nur bei technischen Schwierigkeiten eine Notwendigkeit. Besonders lebens- und mate-

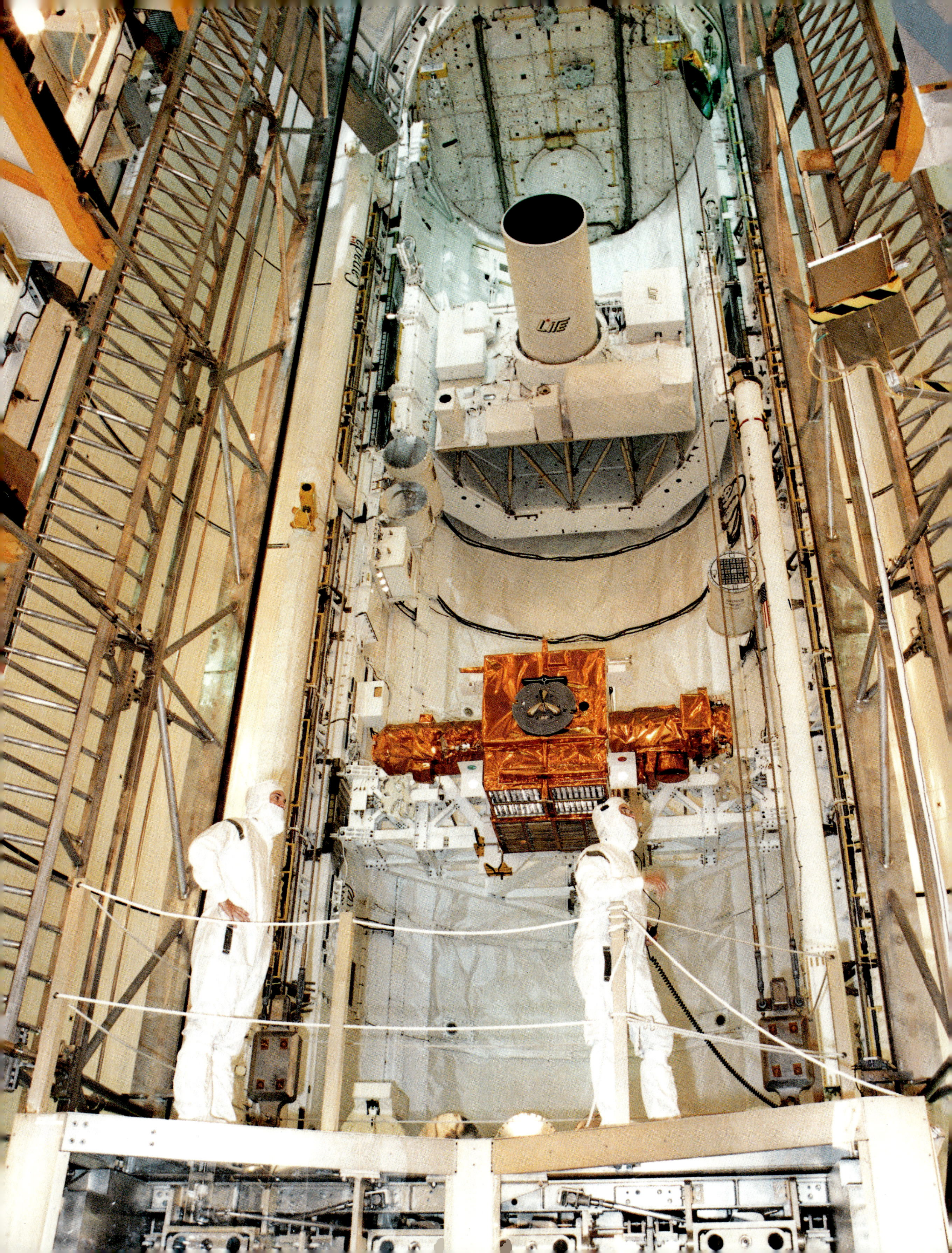

rialwissenschaftliche Experimente beinhalten Forschungsobjekte, die erst sehr kurz vor dem Start in der Raumfähre oder dem Spacelab/Spacehab installiert werden können. Davon sind Versuchstiere als lebende Passagiere natürlich besonders betroffen. Aber auch andere biologische Proben, wie Pflanzen, befruchtete Insekten- und Fischeier oder Samen und Keimlinge, können erst kurz vor dem Start der Raumfähre an Bord genommen werden. Der Zugang zur Nutzlast ist am Startgelände stets möglich. Bei komplizierten Reparaturarbeiten, die sich etwa nach den letzten Systemchecks der Nutzlast ergeben, kann die Nutzlast günstigenfalls am Pad selbst ausgebaut werden. Nach entsprechenden Reparaturen kann sie dann wieder in die Ladebucht der auf der Rampe wartenden Fähre eingebaut werden. Nur in Ausnahmefällen müßte die ganze Fähre in die Montagehalle zurückgerollt werden, bevor die Reparaturarbeiten erfolgen könnten. In Bezug auf die anstehenden umfangreichen Transportarbeiten zum Aufbau der bemannten ISS-Raumstation, die eine ganz besondere Sicherheitsüberprüfung der Nutzlasten erfordern, kann dies in Zukunft nicht ausgeschlossen werden. Natürlich haben solche Aktionen einen großen zeitlichen Verzug der Mission und des gesamten weiteren Flugplans kommender Flüge zur Folge.

Links: Mit Hilfe einer Art Aufzug können die Techniker auf der Startrampe an jeden beliebigen Ort der offenen Ladebucht einer Raumfähre gelangen.

Eigenverantwortung und Zuverlässigkeit

Die Vorbereitung jedereinzelnen Shuttle-Nutzlast muß mit äußerster Zuverlässigkeit erfolgen. Im All sind Nachlässigkeiten des Bodenpersonals nur schwer wieder auszubügeln, Reparaturen extrem kostenaufwendig oder manchmal gar nicht möglich. Wie die Zuverlässigkeit der Raumfähre selbst in den Händen der Techniker beim Hersteller im kalifornischen Palmdale und im Kennedy Space Center liegt, so liegt die zuverlässige Arbeit der Nutzlasten einer jeden Raumfähre zu einem großen Teil in den Händen der vielen Mitarbeiter des KSC, von denen nur selten die Rede ist. Sie tragen ein gewaltiges Stück Verantwortung für das Gelingen einer jeden Space Shuttle-Mission. Bislang hat es nur wenige Fälle gegeben, bei denen Shuttle-Nutzlasten ihren Erwartungen aus technischen Gründen nicht gerecht werden konnten. Einige dieser Probleme konnten die Astronauten allerdings dann »vor Ort« lösen – Hand in Hand mit den Leuten auf der Erde!

Kapitel 4

Ralf Hupertz

3 – 2 – 1 – 0 Countdown

3 – 2 – 1 – 0 – Countdown und Start

Etwa einen Monat vor dem geplanten Starttermin wird das komplette Space Shuttle-Gespann, bestehend aus dem Orbiter, dem Außentank und den beiden Feststoffraketen, auf der mobilen Startplattform von einem Raupenschlepper zur Startrampe im Kennedy Space Center (KSC) gebracht. Nach einer Countdown-Generalprobe (Terminal Countdown Demonstration Test, TCDT) zwei Wochen später wird vom Mission Management Team der Beginn des eigentlichen Countdowns und damit auch der genaue Startzeitpunkt offiziell festgelegt. Für das Space Shuttle hat die amerikanische Raumfahrtbehörde NASA einen 43-Stunden-Standard-Counntdown entwickelt. Er beginnt bei T-43 Stunden (T-0 = Zeitpunkt des geplanten Abhebens) und besitzt einige eingebaute Halteperioden, sog. Holds, in denen die Countdownuhr planmäßig angehalten wird. In diesen Holds werden kritische Aktivitäten, wie z.B. das Befüllen des Außentanks, vorbereitet. Außerdem können die Holds genutzt werden, um verloren gegangene Zeit wieder gutzumachen oder entstandene Schwierigkeiten zu beheben und aufgetretene Probleme zu lösen, ohne den Startzeitpunkt verschieben zu müssen. Insgesamt beträgt die Holdzeit missionsabhängig zwischen 24 und 36 Stunden, so daß der Beginn des Countdowns etwa drei bis dreieinhalb Tage vor dem geplanten Start liegt.

Counting and holding

Unmittelbar nach Aufnahme des Countdowns bei T-43 Stunden wird zunächst die Energieversorgung des Orbiters eingeschaltet. Nach dem ersten vier- bis achtstündigen Hold bei T-27 Stunden werden zwei Stunden später die Tanks der Brennstoffzellen (Fuel Cells, FCs) mit flüssigem Sauerstoff und Wasserstoff befüllt. Die Brennstoffzellen liefern während des Fluges durch umgekehrte Elektrolyse Strom für den Energiebedarf des Orbiters. Als Nebenprodukt dieser chemischen Reaktion fällt auch noch genügend Trinkwasser für die Besatzung ab. Nachdem bei T-20 Stunden die Trägheitsnavigationseinheiten (Inertial Measurmenet Units, IMUs), mit denen während der Mission der momentane Ort und die aktuelle Geschwindigkeit des Orbiters bestimmt werden eingeschaltet worden sind, gibt es bei T-19 und T-11 Stunden zwei weitere Holds. Während der erste ebenfalls vier bis acht Stunden dauert, richtet sich die Länge des zweiten nach der geplanten Startzeit. Da ein Countdown immer zur vollen Stunde beginnt, wird mit diesem Hold, der dann normalerweise 13 Stunden und die entsprechenden Minuten dauert, die exakte Startzeit eingestellt. Am Ende dieses Holds wird der bewegliche Teil des Startturms (Rotating Service Structure, RSS), der bis jetzt den Orbiter vor Witterungseinflüssen geschützt hat und in dem sich auch der Nutzlastaustauschraum (Payload Exchange Room, PCR) befindet, zurückgeschwenkt. Damit steht das Space Shuttle - bis auf die Befestigungsbolzen der Feststoffraketen und die Be- und Enttankungsverbindungen sowie die Zugangsbrücke für die Weißraummannschaft und die Astronauten - zum ersten Mal frei auf der Startrampe.

Tiefkaltes Auftanken

In den kommenden Stunden werden die verschiedenen Kommunikationsverbindungen zwischen dem Startkontrollzentrum vor Ort, dem Missionskontrollzentrum im Johnson Space Center (JSC) in Houston/Texas und dem Space Shuttle überprüft, bevor bei T-6 Stunden ein einstündiger Hold beginnt. In dieser Zeit entscheidet das Mission Management Team, ob mit dem Befüllen des Außentanks begonnen werden kann. Bei einer positiven Entscheidung läuft der Countdown weiter, und das Auftanken kann beginnen. Insgesamt fast zwei Millionen Liter flüssigen Sauerstoffs (LOX) und Wasserstoffs (LH2) werden in den nächsten drei Stunden in die beiden Integraltanks des Außentanks gepumpt. Dabei erfolgt das Auftanken durch die Hecksektion des Orbiters, so daß man bereits zu diesem Zeitpunkt feststellen kann, ob alle Leitungen zu den Haupttriebwerken dicht sind. Zu

Rechts: Die Raumfähre Atlantis steht auf der Startrampe 39A und ist bereit für eine neue Mission im Weltraum.

Nach dem Anlegen der Sicherheitsanzüge verlassen die Astronauten die Mannschaftsquartiere und werden mit einem Bus zur Startrampe gefahren.

Beginn des nächsten Holds bei T-3 Stunden (Dauer: zwei Stunden) ist die Betankung abgeschlossen. Der verdampfende Anteil der kryogenen Treibstoffe (Siedetemperaturen – LOX: 90 K = -183°C; LH2: 20 K = -253°C) wird jetzt bis kurz vor dem Start ständig nachgefüllt.

Rückenlage – Einstieg ins Cockpit

Innerhalb dieses Holds werden auch die Astronauten geweckt und nehmen ihr traditionelles Frühstück ein. Danach erhalten sie einen kurzen Wetterbericht und gehen schließlich zur Einkleidung. Für die Start- und Landephase müssen sie einen speziellen Druckanzug tragen, der es ihnen ermöglicht, sowohl einen eventuellen Druckabfall im Cockpit zu überleben, als auch mittels eines Fallschirms in einem begrenzten Notfall auszusteigen. Bei T-2 h 30 min verlassen die Astronauten ihr Crewquartier und fahren mit dem Astro-Van zur Startrampe. Dort angekommen, fahren sie mit dem Aufzug den Startturm (Fixed Service Structure, FSS) hinauf und besteigen ab ca. T-1 h 50 min über die Zugangsbrücke und den Weißen Raum das Cockpit des Orbiters. Da dieses für eine horizontale Landung ausgelegt ist und der Orbiter sich aber jetzt in der senkrechten Position befindet, ist dies kein leichtes Unterfangen. Kommandant und Pilot sowie zwei Missionsspezialisten müssen zunächst eine nun waagerecht liegende Leiter nach rechts ins Flugdeck »hochklettern«, wo aber bereits Mitglieder der Weißraummannschaft, die zuvor schon alle Schalterstellungen im Cockpit überprüft hat, auf sie warten, um ihnen in die ebenfalls um 90 Grad nach hinten gekippten Sitze zu helfen und sie festzuschnallen. Die gleiche Prozedur läuft im sich unmittelbar an die Einstiegsluke angrenzenden Mitteldeck ab, wo die restlichen Missionsspezialisten und Nutzlastspezialisten Platz nehmen. Das komplette Einsteigen benötigt etwa eine halbe Stunde, so daß bei ca. T-1 h 20 min die Weißraummannschaft den Orbiter verlassen kann. Von außen verschließen sie die Einstiegsluke und prüfen anschließend das Cockpit mit einem Überdrucktest auf seine Dichtigkeit. Daraufhin verläßt jegliches Personal den Gefahrenbereich um die Startrampe. Im Umkreis von fast fünf Kilometern befindet sich schließlich kein Mensch mehr.

Go oder No-go – die Entscheidung

Bei T-20 und T-9 min sind noch einmal letzte Holds von jeweils zehn Minuten Dauer einkalkuliert. Während der Chefastronaut mit seinem Flugzeug, einer modifizierten Gulfstream II, die die Flugeigenschaften des Shuttle bei der Landung nachahmen kann, die Wetterverhältnisse auf der Landebahn des KSC beobachtet, die im Falle einer Notlandung bestimmten Kriterien genügen müssen, werden vom Startkontrollzentrum aus die eigenen Bodencomputer wie auch die Bordcomputer im Shuttle für den letzten Abschnitt des Countdowns vorbereitet. In den letzten Minuten des T-9-min-Holds halten der Startdirektor im KSC sowie der Flugdirektor im JSC ihre Go/No-go-Umfragen ab. Jeder Kontrolleur, der jetzt vor seiner Computerkonsole sitzt und seinen Verantwortungsbereich überwacht, muß sein Go, sprich grünes Licht, für die letzte Phase des Countdowns geben. Als Letzter gibt der Leiter des Mission Management Team sein »Go«.

Ist alles zur Zufriedenheit der Verantwortlichen abgelaufen, läuft die Countdownuhr bei T-9 min wieder an. In diesem Augenblick übernimmt der Ground Launch Sequencer (GLS), der Hauptcomputer im Startkontrollzentrum, den Countdown. In den kommenden Minuten wird System für System des Space Shuttle vom Boden getrennt und auf Eigenversorgung umgeschaltet. Bei T-7 min 30 s wird die Zugangsbrücke zum Orbiter mit dem Weißen Raum zurückgeschwenkt, und zweieinhalb Minuten später laufen die drei Hilfsenergieeinheiten (Auxiliary Power Units, APUs) an, die den notwendigen hydraulischen Steurdruck zum Schwenken der Haupttriebwerke und zum Bewegen der aerodynamischen Steuerflächen liefern. Ab jetzt kann der Countdown nur noch für eine begrenzte Zeit unterbrochen werden (ca. viereinhalb Minuten), bevor der Startversuch abgebrochen werden muß. Grund hierfür ist die begrenzte Kapazität an Hydrazin für die APUs. In den folgenden zwei Minuten werden dann Überprüfungen dieser Schwenkbar- bzw. Beweglichkeit durchgeführt, an deren Ende dann alles in Startposition gefahren wird. Bei T-2 min 55 s wer-

Astronautin Susan Helms bei den letzten Einweisungen vor dem Einstieg in die Raumfähre Endeavour. Der gelbe Schlauch gehört zu einer erdgebundenen Klimaanlage, die während der Startvorbereitungen das Innere der Raumfähre optimal belüftet.

den die Ventile des Sauerstofftanks geschlossen, und der Tank wird auf seinen Flugdruck von 1,5 bar bedrückt. Fünf Sekunden später wird die bis jetzt auf dem Außentank sitzende Haube mitsamt ihrem Arm weggeschwenkt. Hier wurde der bis jetzt verdampfende Sauerstoff abgeführt. Bei T-1 min 57 s erfolgt die gleiche Prozedur für den Wasserstofftank, der auf 3 bar bedrückt wird. Mittlerweile wurde auch das Nachfüllen der Brennstoffzellentanks beendet und der Orbiter auf eigene Energieversorgung umgeschaltet.

Liftoff – der Weg ins All beginnt

Der kritischste Punkt im Countdown vor dem Zünden der Triebwerke ist die Übernahme des Countdowns durch die Bordcomputer des Space Shuttle. Dies erfolgt bei T-31 s und ist gleichbedeutend mit dem Beginn der automatischen Startsequenz. Von nun an überlassen die Kontrolleure im Startkontrollzentrum den Startvorgang komplett den Computern. Alle folgenden Ereignisse und Überprüfungen der richtigen Funktion laufen so schnell

Links: Albert Sacco, Fred Leslie und Kathryn Thornton (von links) sitzen angeschnallt im Mitteldeck der Raumfähre Columbia – bereit für den Start.

Blick in das Flugkontrollzentrum Houston während der Durchführung der ersten Hubble Space Telescope Servicing Mission. Von hier aus wird der gesamte Flug eines Space Shuttle geleitet.

ab, daß kein Mensch dies ausführen könnte. Bei T-28 s werden die Hydraulikaggregate (Hydraulic Power Units, HPUs) der Feststoffraketen aktiviert, mit denen sieben Sekunden später ihre Düsen geschwenkt und ebenfalls in Startposition gebracht werden. Bei T-16 s wird das Geräuschunterdrückungssystem in Betrieb genommen, das in den folgenden Sekunden Millionen von Liter an Wasser über die Startrampe ergießt. Bei T-10 s geben die Bordcomputer das Signal zur Zündung der drei Haupttriebwerke. Unter ihnen verbrennen nun Funkensprüher gasförmigen Wasserstoff, der sich möglicherweise dort angesammelt hat und bei der Zündung zu einer Explosion führen könnte.

Bei T-6,6 s zünden dann in Abständen von 120 Millisekunden die drei Haupttriebwerke des Space Shuttle. Drei Sekunden später sind sie hochgelaufen und müssen nun 100 % Schub entwickeln. Sollte zu diesem Zeitpunkt irgendeine Fehlfunktion vorliegen, würden die Bordcomputer sie wieder abstellen. Dann wäre eine Fehleruntersuchung sowie ein Austausch aller drei Triebwerke not-

USA
United States

wendig. Ein erneuter Startversuch könnte dann erst in etwa drei bis vier Wochen erfolgen. Unter dem nicht axialen Schub der Haupttriebwerke schwenkt das Space Shuttle ca. einen halben Meter nach vorn. Exakt bei T-0 hat es wieder seine senkrechte Ausgangslage erreicht. Gleichzeitig zünden die beiden Feststoffraketen, die augenblicklich ihren vollen Schub erreichen. Die jeweils vier Bolzen, auf denen die Feststoffraketen stehen, werden pyrotechnisch gesprengt, und die letzten Be- und Enttankungsverbindungen zu beiden Seiten des Orbiterhecks sowie am Wasserstofftank werden getrennt. Die Haupttriebwerke erreichen 104 % ihres Nominalschubes, und das Space Shuttle hebt ab – Liftoff!

Nachdem das Space Shuttle bei T+7 s den Startturm passiert hat, vollführt das Gefährt ein kombiniertes Roll-, Nick- und Giermanöver. Das führt dazu, daß der Orbiter unter dem Außentank hängend nun in die vorgegebene Bahnneigung hinaus über den Atlantik fliegt. Diese Position ist einerseits günstig für die aerodynamische Belastung während des Aufstiegs, andererseits können so auch die Feststoffraketen einfacher abgesprengt werden. 26 Sekunden nach dem Start werden die Haupttriebwerke für die Phase der höchsten aerodynamischen Belastung auf rund 65 % ihres Schubes gedrosselt. Nach Durchfliegen dieser Zone (in ca. 10 bis 15 km Höhe), bei T+1 min, werden sie dann wieder auf 104 % hochgefahren. Rund zwei Minuten nach dem Start sind die Feststoffraketen ausgebrannt. Sie werden anschließend vom Außentank abgetrennt und gewinnen noch etwas an Höhe, bevor sie in einer ballistischen Flugbahn zur Erde zurückfallen. An drei Fallschirmen hängend gehen sie im Atlantik nieder, wo sie von zwei Spezialschiffen geborgen und zur Wiederverwendung zurück nach Cape Canaveral gebracht werden.

Der Orbiter mit dem Außentank führt unterdessen seinen Aufstieg in Richtung Erdumlaufbahn fort. Bei T+7 min 40 s beginnt das erneute Drosseln der Haupttriebwerke – diesmal, um die Beschleunigung des Gefährts konstant bei 3 g zu halten. Das bedeutet, daß die Astronauten mit dem Dreifachen ihres Körpergewichts in die Sitze gepreßt werden, und dieser Wert sollte nicht überschritten werden. Acht Minuten und 35 Sekunden nach dem Start hat das Space Shuttle dann seine notwendige Geschwindigkeit von rund 7,8 km/s erreicht, so daß die Haupttriebwerke abgeschaltet werden. 20 Sekunden später wird auch der Außentank abgeworfen. Dieser tritt über dem Pazifischen Ozean wieder in die Erdatmosphäre ein und verglüht. Der Orbiter aber fliegt weiter antriebslos seiner endgültigen Umlaufbahn entgegen (in dieser Phase fühlen die Astronauten bereits die Schwerelosigkeit, die im Moment des Abschaltens der Haupttriebwerke einsetzt). Rund 45 Minuten nach dem Start erreicht der Orbiter den höchsten Punkt seiner bis jetzt elliptischen Umlaufbahn. Mit einer mehrminütigen Zündung der beiden Orbitmanövriertriebwerke (Orbital Maneuvering System, OMS) wird die Umlaufbahn schließlich zirkularisiert. Nach dem ersten Erdumlauf erhält die Crew dann das »Go for Orbit Operations«, woraufhin die Ladebuchttüren geöffnet werden und die Mission beginnen kann.

Die Raumfähre Discovery auf ihrem Weg ins All.

Links: Nachtstart der Endeavour zur Mission STS-72.

Nächste Doppelseite: Nach dem Start werden die Zusatzraketen abgeworfen. Sie werden von zwei Schleppern geborgen und später wiederverwendet.

Kapitel 5

Arno Fellenberg

Satelliten-Spediteur

Die Raumfähre als Satelliten-Spediteur

Die klassische Aufgabe einer Raumfähre ist die eines wiederverwendbaren Zubringers zu einer großen bemannten Raumstation, quasi der Taxi- oder Fährdienst in den Weltraum. Beim Beginn der Flüge innerhalb des amerikanischen Shuttle-Programms vor nunmehr bald 20 Jahren fehlte den USA jedoch diese Station im All. So wurde eine eigentlich sekundäre Aufgabe zum Hauptkriterium der Befürworter des Shuttle-Programms: die Raumfähre als Satelliten-Spediteur!

Shuttle gegen Rakete – wiederverwendbar oder weggeworfen?

Der Satellitentransport ist eine kostspielige Angelegenheit, da hierfür bis zum Beginn der achtziger Jahre nur sog. Wegwerf-Raketen verwendet wurden. Jede Rakete konnte also nur einmal eingesetzt werden und wurde dabei komplett verbraucht. Durch die Einführung eines – wenigstens teilweise – wiederverwendbaren Trägerfahr-

zeuges, wie es das Space Shuttle darstellt, sollten die Transportkosten von Satelliten drastisch gesenkt werden – Werte von bis zu 50 % wurden dabei durchaus als realistisch angesehen. Die politischen Entscheidungsprozesse verliefen in den 70er Jahren zunächst äußerst extrem und führten dazu, daß das Shuttle immer mehr zum alleinigen Weltraum-Transportvehikel der USA werden sollte. Mit ihm sollten sowohl zivile Forschungssatelliten und Raumsonden als auch alle militärischen Nutzlasten ins All gebracht werden. Die NASA sollte mit dem Shuttle darüber hinaus auch in den kommerziellen Satellitentransport einsteigen. Um all diese Aufgaben erledigen und die Transportkosten wirklich radikal senken zu können, wurden Startraten von zwei bis fünf Starts im Monat angestrebt. Weiterhin sollte für militärische und polare Missionen in Umlaufbahnen mit hoher Bahnneigung ein zweites Shuttle-Startzentrum auf der Luftwaffenbasis Vandenberg, an der kalifornischen Pazifikküste, errichtet werden.

Hoch über der Erde hält der Greifarm der Raumfähre Endeavour die europäische Wissenschaftsplattform EURECA. Der in einer früheren Mission ausgesetzte Satellit wird wieder zur Erde zurückgeholt.

Links: Der kanadische Kommunikationssatellit Anik-C2 verläßt die Ladebucht der Raumfähre Challenger und wird später mit einer eigenen Raketenstufe auf seine geostationäre Umlaufbahn geschossen.

Schon weit vor der Challenger-Katastrophe zeigte sich jedoch, daß das Shuttle nicht in der Lage sein würde, den gesteckten Zielen in absehbarer Zeit gerecht zu werden. Die Raumfähre erwies sich als derart komplex, daß weitreichende Startverzögerungen zur Regel wurden. An eine immense Kostensenkung war überhaupt nicht mehr zu denken. Besonders die Militärs und die an der Kommerzialisierung der Raumfahrt interessierten Großkonzerne der USA verloren rasch das Interesse am Space Shuttle. Gegen Mitte der achtziger Jahre leitete die Politik eine Kehrtwende im Raumtransport ein. Die Militärs orderten wieder leistungsstarke Einweg-Großraketen für ihre Aufklärungssatelliten, und die NASA mußte der amerikanischen Privatindustrie die Startanlagen in Cape Canveral und Vandenberg zur Nutzung überlassen.

Links: Der Kommunikationssatellit Syncom IV-5 nach dem Aussetzen aus der Raumfähre Columbia.

Nach der Explosion der Challenger im Januar 1986 zeigte sich das ganze Ausmaß der einseitigen Ausrichtung auf die Raumfähre. Der NASA und dem Pentagon standen nur noch wenige konventionelle Träger zur Verfügung, die quasi übrig geblieben waren. Eine Fülle von Nutzlasten mußte zunächst auf der Erde bleiben, was sowohl Wissenschaftler und Geschäftsleute als auch Militärs mit größter Unruhe betrachteten. Damit war der Grundstein für die Abkehr vom Shuttle als Satellitenträger gelegt. US-Großfirmen wie Martin Marietta, Lockheed, Boeing, General Dynamics und McDonnell Douglas begannen, neue oder bewährte konventionelle Trägeraraketen auf den Markt zu bringen, die nun sowohl vom Pentagon als auch von der NASA geordert wurden und im rein kommerziellen Satellitentransport in Konkurrenz mit der europäischen Ariane-Trägerrakete stehen.

Der vielseitige Greifarm

Trotz dieser wechselvollen Geschichte hat der Shuttle einen nicht zu unterschätzenden Anteil am Satellitentransport gehabt. Besonders neuartige Technologien konnten hierbei angewendet werden, die durchaus zukunftsweisend waren. In bestimmten Bereichen wird die Raumfähre auch weiterhin für den Transport von autonomen Nutzlasten ins All in Betracht kommen. Die Bergung freifliegender Nutzlastplattformen im Weltraum wird gar ausschließlich dem Shuttle vorbehalten bleiben. Ein wichtiges Instrument für das Aussetzen und Einholen von freifliegenden Nutzlasten ist der aus Kanada stammende Manipulatorarm (Remote Manipulator System, RMS) der Raumfähre. Der mit drei Gelenken (»Schulter«, »Ellenbogen« und »Handgelenk«) ausgestattete Arm wird von einem Kontrollpult innerhalb der Fähre gesteuert, wobei auf ihm montierte Fernsehkameras eine große Hilfe sind. Ein sog. End Effector (die »Hand« des Greifarms) ist in der Lage, einen speziellen Aufnahmedorn der entsprechenden Nutzlast aufzunehmen und sie fest zu verankern. Damit ist es möglich, die Nutzlast aus dem Frachtraum zu heben, sie ggf. wieder

Der Satellit Long Duration Exposure Facility (LDEF) wurde im April 1984 mit der Raumfähre Challenger gestartet und im Januar 1990 von der Columbia wieder zur Erde zurückgebracht.

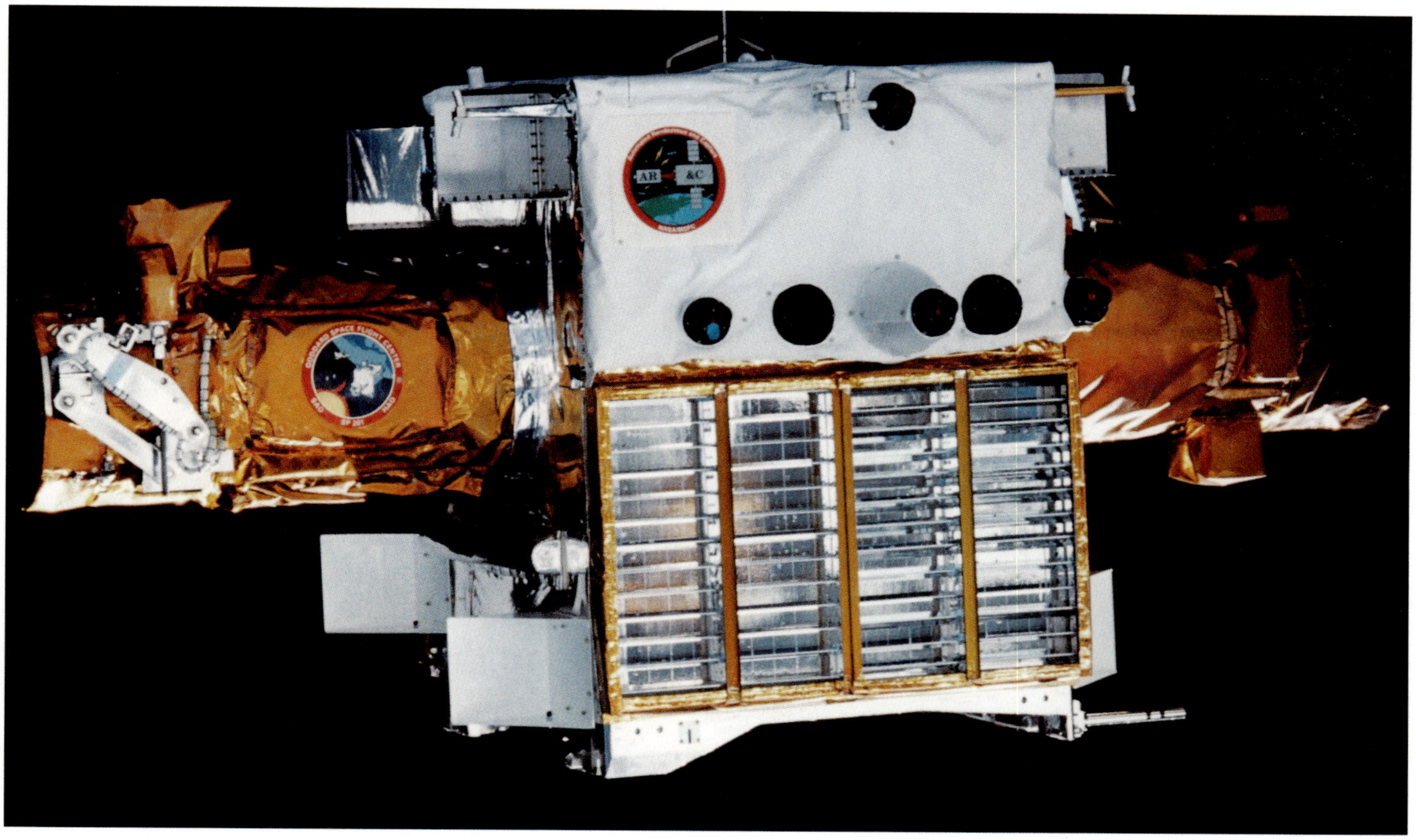

Der Mehrzwecksatellit SPARTAN wurde bereits mehrfach mit ins All genommen.

im All aufzunehmen und anschließend sicher im Frachtraum zu verstauen. Beim zweiten Testflug der Raumfähre Columbia im November 1981 (STS-2) wurde das RMS erstmals im All getestet, wobei die Bewegungsmöglichkeiten des Arms untersucht wurden – das Ganze allerdings noch ohne Nutzlast. Bei der folgenden Mission (STS-3) im März 1982 wurde dann ein erstes Instrumentenpaket über den Frachtraum gehalten. Den ersten großen Einsatz hatte das RMS beim Flug STS-7 im Juni 1983, als der deutsche Satellit SPAS-01 (Shuttle Pallet Satellite) aus der Challenger ausgesetzt und anschließend wieder eingefangen wurde. Seither ist der Greifarm zu einem äußerst zuverlässigen Instrument im Shuttle-Programm geworden.

Aussetzen hat Methode(n) – Spin, Feder, Frisbee, Greifarm

Der Shuttle-Satellitentransport ins All unterteilt sich grundsätzlich in drei Hauptvarianten: das Aussetzen durch den Manipulatorarm, das Ausstoßen aus einem kleinen Nutzlastcontainer oder das Absetzen großer Nutzlasten aus speziellen Halterungen und das Aussetzen mittels Federkraft. Letzte Variante kam während der Nutzung des Space Shuttles für »Satellitenspeditionsdienste« am häufigsten zum Einsatz. Erstmals wurden beim fünften Flug einer Raumfähre (STS-5) im November 1982 zwei kommerzielle Satelliten im All abgesetzt. Dabei handelte es sich um trommelförmige Nachrichtensatelliten eines amerikanischen und eines kanadischen Kunden. Bis zum Aussetzen waren die Satelliten jeweils in einem Aufnahmecontainer verankert. Von Bord aus wurde der obere Teil des Containers geöffnet, und der entsprechende Satellit wurde in eine rasche Drehbewegung (50 U/min), einen sog. Spin, versetzt, um seinen weiteren autonomen Flug stabilisieren zu können. Nach dem Aufdrallen wurde der Federmechanismus betätigt, und das Objekt aus Satellit und zusätzlicher Antriebsstufe verließ langsam die Ladebucht des Shuttles. Danach hatte die Besatzung 45 Minuten Zeit, die Raumfähre in einen sicheren Abstand zur Nutzlast zu manövrieren, bevor der Feststoffantrieb des Satelliten gezündet wurde, um ihn auf eine Übergangsbahn zu bringen (eine etwa 300 km x 36.000 km hohe Ellipsenbahn) von der aus der Einschuß in den geostationären Orbit, eine 36.000 km hohe Kreisbahn, möglich war. Geostationäre Umlaufbahnen sind besonders für Kommunikations-

Links: Ein militärischer Satellit vom Typ Defense Payload (DSP) wird ausgesetzt.

Der Forschungssatellit Wake Shield Facility (WSF) am Greifarm der Endeavour.

satelliten wichtig, da Raumflugkörper in dieser Höhe genau 24 Stunden für einen Umlauf um die Erde benötigen, also genauso lange, wie die Erde für eine Drehung um die eigene Achse, und damit scheinbar fest über einem Punkt der Erde stehen.

Eigens für das Space Shuttle ausgelegte Satelliten mit einem integrierten Antriebssystem (wie der militärische Kommunikationssatellit Leasat) konnten auch ohne Aufnahmecontainer aus dem Frachtraum »herausgefedert« werden. Die extra für diesen Satellitentyp angewandte Aussetzvariante wurde nach dem Aussehen ihrer Ausführung Frisbee-Methode genannt.

Für größere Satelliten wurde ein zweistufiger Oberstufen-Feststoff-Motor (Inertial Upper Stage, IUS) entwickelt, der im Shuttle erstmals im April 1983 beim Jungfernflug der Challenger (STS-6) eingesetzt wurde. Für die IUS wurde ein spezieller Aufnahmering entwickelt, der am hinteren Ende des Frachtraums montiert war und im Orbit aufgerichtet werden konnte, um das federausgelöste Abtrennen der beim Start im Frachtraum liegenden Satelliten/Oberstufen-Kombination sicher zu ermöglichen. Verschiedene Satelliten wurden bis Mitte der 90er Jahre auf diese Weise ins All gebracht, während heute nur noch selten IUS-Missionen geflogen werden (z. B. AXAF-I) und auf den Start von kommerziellen Kommunikationssatelliten ganz verzichtet werden muß. Für interplanetare Missionen sollte dem Space Shuttle eine Flüssigkeits-Oberstufe des Typs Centaur-G beigegeben werden. Die mit Flüssigsauerstoff und Flüssigwasserstoff (kryogen) angetriebene Hochleistungsrakete sollte den Sonden zur Venus, zum Jupiter, zum Saturn und zur Sonne eine schnelle Reisegeschwindigkeit ermöglichen. 1986 standen zwei derartige Fluggeräte, die Sonnensonde Ulysses und die Jupitersonde Galileo, bereits für einen Start an. Nach der Challenger-Katastrophe wurde aus Sicherheitsgründen auf den geplanten Einsatz der Centaur verzichtet, da die Verwendung von so großen Mengen hochexplosiven Flüssigtreibstoffs in der Ladebucht einer Raumfähre nicht gerechtfertigt werden konnte. Neben erheblichen Startverzögerungen hatten die Raumsondenprojekte nun ein riesiges Problem: die

Rechts: Die Astronauten Richard Hieb, Thomas Akers und Pierre Thuot (von links) verbergen einen Intelsat-VI-Satelliten in der Ladebucht der Endeavour.

NASA
HUGHES

fehlende schubstarke Antriebsstufe. Man behalf sich schließlich entweder mit einer Kombination mehrerer Feststoff-Antriebe – wie im Fall der Sonnensonde Ulysses –, oder wich auf die oben bereits erwähnte IUS aus und schickte die Raumsonden (den Venussatelliten Magellan und den Jupiterorbiter Galileo) mittels ausgeklügelter Trajektorien, die insbesondere sog. Swingby-Manöver zur Geschwindigkeitserhöhung und Richtungsänderung an der Erde und anderen Planeten beinhalteten, auf ihre lange Reise durch das Sonnensystem.

Große Satelliten, die in erdnäheren Bahnen die Erde umkreisen, können mit dem Greifarm über dem Frachtraum der Fähre abgesetzt werden. Danach »taucht« die Fähre unter dem Satelliten ab, der dann entweder in dieser Bahn verbleibt oder mittels eines eigenen Antriebs auf eine höhere Bahn manövriert wird. Hierzu gehört der Astronomiesatellit Compton Gamma Ray Observatory (CGRO) ebenso wie das große Weltraumteleskop Hubble (HST).

Eine der wichtigsten Nutzlastaufgaben des Shuttles war und ist allerdings das Aussetzen und anschließende Wiederaufnehmen von freifliegenden Experimentierplattformen und -satelliten, sog. Free Flyers. Zwar gingen auch hier die Träume der frühen Planungen von einer Vielzahl kleiner und großer Nutzlastplattformen nicht in Erfüllung, doch konnten regelmäßig derartige Missionen ausgeführt werden. Erstmals wurde bei STS-7 im Juni 1983 eine solche Nutzlastplattform ausgesetzt. Es handelte sich um den bereits genannten SPAS-Satelliten. Er wurde vom Greifarm über die Ladebucht gehoben und schließlich ins All entlassen. Danach manövrierte das Shuttle so, daß die Experimente an Bord des Satelliten völlig unbeeinflußt von der Raumfähre ausgeführt werden konnten. Dies ist besonders bei Schwerelosigkeitsexperimenten von besonderer Bedeutung, da jede noch so kleine Bewegung durch die Besatzung oder Zündung der Lageregelungsdüsen der Raumfähre die Experimente negativ beeinflussen können. Nach Ablauf der Experimentierzeit näherte sich das Shuttle dem Satelliten wieder an, und der RMS-Arm holte SPAS wieder zurück in den Frachtraum. Solche Manöver innerhalb einer Mission gestatten es, die Satelliten lediglich mit Bordbatterien und wenig Lagekontrollkapazität auszustatten, da ihr Einsatz nur wenige Tage dauert. Diese Missionen sind über die Jahre hinweg zur Routine geworden. Auf diese Weise kamen neben speziell ausgerüsteten SPAS-Satelliten amerikanische SPARTAN-Satelliten (Shuttle Pointed Autonomous Research Tool for Astronomy) und die WSF-Materialforschungsplattform (Wake Shield Facility) teilweise bis zu fünfmal zum Einsatz.

Der Satellit Wake Shield Facility hängt am Greifarm der Columbia und wird in einer speziellen Halterung am hinteren Ende der Ladebucht verstaut.

Aber auch Langzeitmissionen sind möglich, wobei der ausgesetzte Satellit erst nach mehreren Monaten wieder angesteuert und zur Erde zurückgebracht wird. Die USA setzten so ihren passiven, fast die gesamte Nutzlastbucht des Shuttle ausfüllenden LDEF-Satelliten (Long Duration Exposure Facility) ein, der sogar mehrere Jahre im All verbrachte. Auch die europäische EURECA-Plattform (European Retrievable Carrier) weilte so mehrere Monate im All, und die von Japan mit einer eigenen Rakete gestartete SFU-Experimentierplattform (Space Flyer Unit) wurde vom Shuttle wieder zur Erde geholt. Leider konnten alle drei großen Plattformen bislang lediglich einen Einsatz verbuchen, obwohl die Vorteile der Wiederverwendbarkeit gerade hier auf der Hand liegen.

Kleine Satelliten können schließlich an Bord eines der Außenbordkanister vom GAS-Typ (Get Away Special) mitgenommen werden. Im All wird der Deckel des GAS-Containers geöffnet, und der Satellit kann mittels Federkraft ins All entlassen werden. Eine sehr kostengünstige Angelegenheit, da der Satellit quasi als Zusatz-Passagier in den Weltraum fliegt. So gelangte u. a. auch der aus Bremen stammende Bremsat 1994 ins All. Eine Ausnahme bleibt allerdings die »Handbeförderung«. Kleine Satelliten können bei Außenbordaktivitäten (Extra Vehicular Activities, EVAs) auch per Hand ins All befördert werden. Erstmas geschah dies bei der Mission STS-61B im November 1985, als ein kleiner Radar-Zielsatellit von einem Astronauten in die Umlaufbahn »geworfen« wurde. Auch ein kleiner kanadischer Experimentiersatellit erreichte auf diesem Weg seinen Orbit.

Neue Aufgaben…

Der Satellitentransport gehört heute nicht mehr zu den Hauptaufgaben des Shuttle. Mit dem beginnenden Aufbau der Internationalen Raumstation ISS erhalten die Raumfähren nun vornehmlich ihre klassische Aufgabe. Kleine Satelliten werden auch dabei durchaus eine Zukunft als Shuttle-»Passagiere« haben können, und schon wird überlegt, freie Shuttle-Kapazität auch wieder kommerziell zu nutzen und dem amerikanischen Verteidigungsministerium zum Nutzlasttransport anzubieten – neue Speditionsaufgaben für das Shuttle?

Kapitel 6

Andreas Schöwe

Völlig losgelöst

Völlig losgelöst – Außenbordaktivitäten

Am 18. März 1965 führte der russische Kosmonaut Alexej Leonow die erste Außenbordaktivität (Extra Vehicular Activity, EVA) in der Geschichte der Raumfahrt aus. Damals wie heute werden diese Manöver, die vollgepackt sind mit schweißtreibender Arbeit, fälschlicherweise als »Weltraumspaziergänge« bezeichnet. Dieser Ausdruck ist allerdings höchst unzutreffend, da diese Arbeiten bis in den Grenzbereich der Leitungsfähigkeit von Mensch und Technik gehen können.

Anfangs waren diese Aktivitäten reine Testausstiege, um zu testen, wie belastbar der Mensch und wie zuverlässig die Technik ist. Später steigerte sich dies zu den spektakulären Arbeiten auf dem Mond und zu den heutigen, teilweise nicht weniger spektakulären Reparaturmissionen im freien Weltraum. Deutlich wird aber auch, daß der Mensch in Zukunft zum Servicepersonal einer Raumstation werden wird, um außenbords Routinearbeiten ebenso auszuführen wie auf unvorhergesehene Komplikationen zu reagieren. Er wird damit die kontinuierliche

Rechts: Joe Tanner (rechts) und Gregory Harbaugh im Februar 1997 während der zweiten Service-Mission für das Hubble Space Telescope.

Edward White war der erste Amerikaner, der ein Außenbordmanöver im All durchführte. Unten links sieht man die Versorgungsschnur, über die er mit seinem Raumschiff Gemini 4 verbunden war.

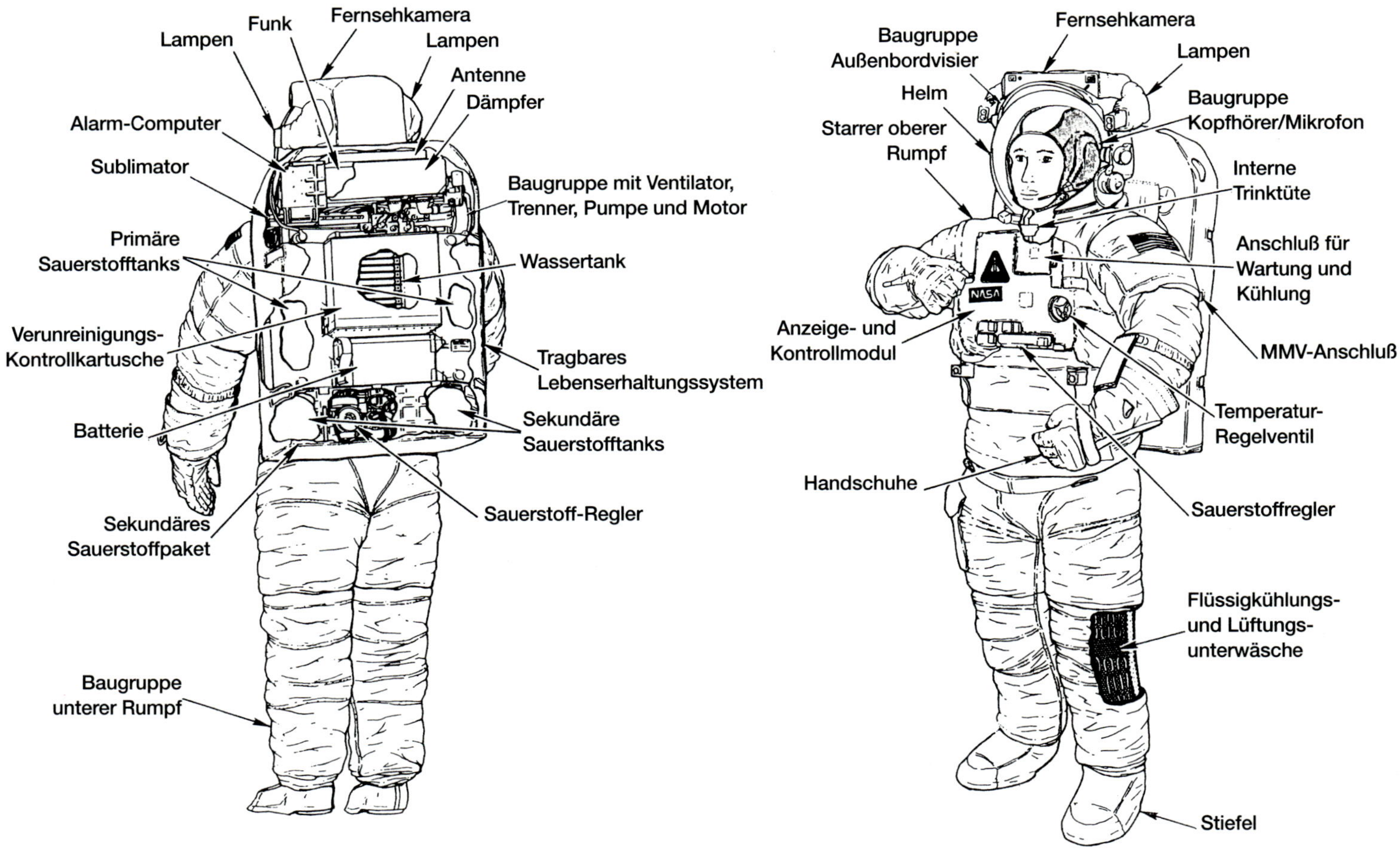

Aufbau des Extravehicular Mobility Unit-Außenbordanzuges der US-Astronauten.

Arbeit einer großen Raumstation erst ermöglichen und sichern können. Zahlreiche Außenbordarbeiten haben gezeigt, daß viele Arbeiten komplizierter auszuführen waren, als dies erwartet wurde. So werden EVA-Aktivitäten auch in Zukunft eine Besonderheit in der bemannten Raumfahrt darstellen und immer wieder auch das besondere Interesse der Öffentlichkeit finden.

Zunächst mußte aber erst einmal festgestellt werden, ob der Mensch überhaupt in der Lage ist, im freien Weltraum zu überleben und zu arbeiten, und ob es Möglichkeiten gibt, den Menschen gegen diese extrem lebensfeindliche Umgebung zu schützen. So mußte nach und nach das System Mensch-Technik entscheidend verbessert werden, um die Belastung des Menschen so weit wie möglich zu reduzieren. Das reicht von der ständigen Verbesserung und Anpassung der für die Ausstiege benutzten Raumanzüge bis zur Herstellung von entscheidenden Hilfsmitteln und Werkzeugen. Des weiteren mußten völlig neue Ansprüche an das Training der Raumfahrer gestellt werden. Es mußten spezielle Simulationsmöglichkeiten »erfunden« werden, um das Training so realistisch wie möglich zu gestalten. Hierzu gehören Parabelflüge in großen Flugzeugen ebenso wie übergroße Tauchbecken, in denen heute in den USA, in Rußland und bei der ESA in Köln originalgetreue Weltraumstrukturen für das »Schwerelosigkeitstraining« Platz finden. Die Mondastronauten in Amerika und Rußland trainierten »aufgehängt an der Wand laufend« ihre Mond-»Spaziergänge«. Mit diesen technischen Möglichkeiten ließen und lassen sich alle Handgriffe, die dann im Weltraum ausgeführt werden sollten, auf der Erde bis zur Perfektion trainieren. Nicht zuletzt aber müssen die Raumfahrer auch darauf eingestellt werden, daß es im Weltraum die gewohnten Orientierungspunkte »oben« und »unten« nicht mehr gibt. Die Verbindung von Mensch und Raumschiff besteht nur in einem dünnen Seil oder überhaupt nicht mehr, und der psychologische Eindruck des »ewigen Fallens« muß ausgeglichen werden. Bei den Mondastronauten kam das Wissen hinzu, weit weg von daheim, von der Erde zu sein. Der EVA-Astronaut muß aber auch auf unvorhersehbare Situationen reagieren können. Obwohl es bislang schon zahlreiche Ausstiege gegeben hat, die vorher nicht so geplant waren und bei denen völlig unvorhersehbare und damit nicht trainierte Situationen entstanden, ist es bis heute kaum zu wirklich ernsten Komplikationen gekommen, die das Leben der Astronauten gefährdet hätten. Dies beweist, wie gewissenhaft das Training der Raumfahrer und die Vorbereitung der Außenbordaktivitäten ist.

In den rund 20 Jahren, die zwischen dem ersten zaghaften Ausstieg Leonows und dem Beginn der Space Shuttle-EVAs vergingen, wurden Weltraumausstiege immer wichtiger, aber auch alltäglicher. 1969 bis 1972 landeten zwölf US-Astronauten auf der Mondoberfläche, und russische und amerikanische Raumfahrer hielten sich ab Beginn der 70er Jahre in Weltraumstationen auf erdnahen Umlaufbahnen auf. Diese mußten sie regelmäßig für Wartungsarbeiten oder zum Wechseln von Filmkassetten an Kamerasystemen verlassen. Mit dem Einsatz der wiederverwendbaren Raumfähren der NASA öffnete sich eine neue große Palette der Möglichkeiten zur Tätigkeit des Menschen im freien Weltraum.

Ursprünglich war für den ersten Einsatzflug im November 1982 (STS-5) der Test der neuen Generation von Außenbordanzügen geplant, die dem modernsten Stand der Technik entsprachen und auf die vielseitigen Anforderungen im Space Shuttle-Programm angepaßt wurden. Außer Verbesserungen im Lebenserhaltungssystem wurden in den Anzugarmen und -beinen Gelenke eingebaut, die den Astronauten jede Bewegung erleichtern. Zusätzlich ist das Verarbeitungsmaterial bedeutend anpassungsfähiger an die Bewegungen des Menschen im Inneren geworden. In den EVA-Anzügen bekommen die Shuttle-Astronauten nur reinen Sauerstoff zu atmen. Der Innendruck beträgt nur noch rund ein Viertel des normalen Atmosphärendrucks (280 mbar). Zur Anpassung müssen die Aussteiger vor und nach dem Außenbordmanöver mehrere Stunden in einer speziellen Luftschleuse im Shuttle-Mitteldeck verbringen. Vorteilhaft ist dadurch eine beachtliche Gewichtsersparnis am kompletten Anzug und seinen Versorgungseinrichtungen. Der Raumanzug wiegt rund 100 kg. Davon entfallen etwa

Die Astronauten Takao Doi und Winston Scott bereiten sich in einem großen Wasserbecken im Ausbildungszentrum in Houston/Texas auf ihre Außenbordarbeiten während der Mission STS-87 vor.

40 kg auf den eigentlichen Anzug und der Rest auf die komplette Lebenserhaltungstechnik, die der Astronaut in Form eines Tornisters auf dem Rücken mit sich trägt. Für die Sauerstoffversorgung können Vorratsflaschen mit bis zu 400 bar Betriebsdruck mitgeführt werden. Entsprechend reicht der Sauerstoffvorrat für Außenbordarbeiten bis zu sieben Stunden Dauer, hinzu kommt eine Reserve von einer Stunde. Die elektrische Leistung der mitgeführten Batterien liegt bei etwa 52 Wh. Damit werden die Kontroll- und Betriebssysteme des Anzuges, das Funkgerät und die Lampen versorgt. Lampen am Anzug sind wichtig, damit die Astronauten auch während des Fluges über die Nachtseite der Erde ihre Arbeiten fortführen können.

Mit Rücksicht auf einen kostengünstigen Einsatz werden die Anzüge in Standardgrößen hergestellt und werden nicht mehr (wie früher üblich) für jeden Astronauten extra maßgeschneidert. Das Brustteil der Anzüge, das mit den Anschlüssen für die Lebenserhaltungssysteme versehen ist, ist in fünf verschiedenen Größen vorhanden. Am Brustteil sind die Oberarme befestigt, die vom Astronauten in zwei Richtungen gedreht werden können. Der Anschlußring für den Schutzhelm ist auf eine Größe festgelegt. Entsprechend sind alle Helme gleichgroß. Große Auswahl besteht dagegen beim »Unterarm mit Handschuh«. Hiervon gibt es 15 unterschiedliche Größen. Die Handschuhe und das Anzugunterteil (ebenfalls nur eine Standardgröße) sind aus besonders elastischem und anpassungsfähigem künstlichen Gewebe, was besonders der bereits angesprochenen Bewegungsfreiheit entgegenkommt. Die Lebenserhaltungssysteme werden von einem Klein-Computer gesteuert, der auch eine Leuchtdiodenanzeige betreibt, die den Astronauten über den Kohlendioxidgehalt im Anzug unterrichtet.

Für die »Bewährungsprobe« im All sollten sich die Astronauten Joseph Allen und William Lenoir dreieinhalb Stunden in den Frachtraum der Columbia begeben. Ein Defekt im Raumanzug Lenoirs verhinderte diesen Ausstieg jedoch. Er wurde schließlich mit großem Erfolg bei der Folgemission STS-6 im April 1983 in der Ladebucht der Challenger durch die Astronauten Donald Peterson und Story Musgrave nachgeholt. Zur besseren Unterscheidung der EVA-Astronauten werden sie nach EV-1 und EV-2 (bzw. weitere) unterschieden, wobei der EV-1-Astronaut der sog. Lead-Astronaut ist und an roten Arm- und Beinstreifen erkennbar ist.

Links: James van Hoften schwebt mit der Manned Maneuvering Unit durch die Ladebucht der Challenger. Im Hintergrund der geborgene Sonnenforschungssatellit Solar Max.

MMU – die Nabelschnur wird gekappt

Bereits beim nächsten Shuttle-EVA (STS-41B) setzte Bruce McCandless am 7. Februar 1984 einen Meilenstein in der Geschichte der bemannten Raumfahrt. Er bewegte sich mit der bemannten Manövriereinheit (Manned Maneuvering Unit, MMU) ohne Sicherungsleine bis zu 100 m vom Shuttle weg und wurde so zum ersten menschlichen Satelliten! Erstmals war ein Mensch im freien Weltraum wirklich frei und bewegte sich »völlig losgelöst« von seinem Raumschiff. Von seinen Kollegen im Raumschiff war er streckenweise nur noch als Lichtpunkt in der Ferne zu erkennen, und er selbst lieferte faszinierende Bilder der über der Erde dahinziehenden Raumfähre. Sein Kollege Robert Stewart wiederholte das Manöver schließlich noch einmal. Die MMU wurde aus den Gemini-Erfahrungen heraus zunächst in einer Entwicklungsvariante 1973/74 an Bord der ersten US-Raumstation Skylab getestet.

Der Raumfahrer ist beim Einsatz der MMU über zwei Schnappverschlüsse mit dem Gerät verbunden. Die Steuerung erfolgt über eine Handsteuerung in den Armlehnen des »fliegenden Düsenrucksacks«. Das Fahrzeug hat eine Höhe von 1,24 m und eine Breite von 0,81 m. Die Tiefe beträgt bei angeklappten Armlehnen 0,66 m und bei ausgeklappten Armlehnen 1,10 m. Die Masse beträgt 136 kg. Zur Energieversorgung dienen zwei Silber/Zink-Batterien (16,8 V Spannung). Der Antrieb erfolgt über 24 Stickstoff-Druckgasdüsen von je 7,36 N Schub, die aus zwei Tanks von 25 cm x 76 cm Größe (je 5,6 kg Inhalt) gespeist werden. Die linke Handsteuerung ermöglicht Bewegungen nach vorn, zurück, hoch, runter, rechts und links. Mit der rechten Hand sind Manöver zur Drehung um alle drei Achsen möglich. Die maximal erreichbare Geschwindigkeitsdifferenz liegt bei 20 m/s und die Funktionsdauer bei maximal sechs Stunden. Die größte Arbeitsentfernung wird mit 100 m angegeben.

Eine weitere Steigerung erfuhren die MMU-Aktivitäten durch den Versuch George Nelsons, mit Hilfe einer solchen Einheit den Satelliten Solar Maximum Mission auf der Folgemission STS-41C im April 1984 einzufangen. Hier zeigten sich auch die Grenzen dieser Arbeiten auf, auch wenn die Ursache des Scheiterns dieser Aktion im Andockmechanismus des Satelliten zu suchen war. Dennoch wurde mit den EVAs dieser Mission eine neue Epoche eingeleitet. Nelson und sein Kollege James van Hoften reparierten während eines siebenstündigen Ausstieges den Satelliten. Nachdem die russische Kosmonautin Swetlana Sawitzkaja im Sommer 1984 als erste Frau ein EVA-Manöver durchgeführt hatte, stieg im Oktober desselben Jahres (STS-41G) mit Kathryn Sullivan auch die erste amerikanische Astronautin in den offenen Weltraum aus. Einen weiteren Höhepunkt gab es im November 1984 (STS-51A), als zwei Shuttle-Astronauten zwei nutzlos im All gestrandete Nachrichtensatelliten bargen und damit ihren Rücktransport zur Erde ermöglichten. Hierbei wurden bislang letztmalig die MMU-Geräte benutzt. Besonders ist zu erwähnen, daß die beiden Satelliten nicht für eine Bergung ausgelegt waren und hierfür erst Geräte und Prozeduren entwickelt werden mußten. Nichts konnte wohl deutlicher zeigen, welche Entwicklung die Außenbordmanöver innerhalb von 20 Jahren genommen hatten.

Reparatur vor Ort

Das Jahr 1985 brachte dann auch die ersten völlig unplanmäßigen Ausstiege. So brachten während STS-51D die Astronauten Jeffrey Hoffman und der später bei einem Flugzeugabsturz tödlich verunglückte David Griggs drei selbstgebastelte »Kunststoff-Schaufeln«, die sie auch als »Fliegenklatschen« bezeichneten, am Greifarm an, um damit einen Schalter an dem funktionsuntüchtig ausgesetzten Satelliten Leasat 3 zu betätigen. Auch wenn dieses Manöver erfolglos blieb, zeigte sich, mit welcher Kreativität die Astronauten auch außerhalb ihres Raumschiffes tätig sein können. Die Reparatur des Satelliten gelang schließlich einige Monate später bei STS-51I, wobei James van Hoften den Satelliten auf dem Greifarm stehend mit der Hand einfing und dessen langsame Rotation zum Stillstand bringen konnte. Nach der Reparatur wurde der Satellit von ihm wieder per Hand in den Weltraum »geschubst«, wo er schließlich seinen geostationären Orbit erreichte.

Wie baut man eine Raumstation?

Ein weiterer Schritt in die Zukunft waren dann die Ausstiege der Mission STS-61B. Die Astronauten Jerry Ross

Astronaut George Nelson versucht mit der MMU an den Satelliten Solar Max anzulegen, um ihn in die Ladebucht der Challenger zu holen.

Zwei Astronauten bereiten in der Shuttle-Ladebucht den Zusammenbau einer Gitterstruktur vor.

und Sherwood Spring testeten bei zwei Ausstiegen Konstruktionselemente zum Aufbau großer Strukturen im All, wie sie für die Space Station verwendet werden sollten. Dabei wurden auch verschiedene Bewegungsprozeduren ausprobiert. Nach der Challenger-Katastrophe und der Wiederaufnahme der Shuttle-Flüge war es wieder Ross, der mit seinem Kollegen Jerome Apt während der Mission STS-37 im April 1991 eine verklemmte Antenne des Gamma Ray Observatory freizog, bevor der Satellit ausgesetzt werden konnte. Zu den weiteren Aufgaben gehörte der Test von neuartigen Fortbewegungsgeräten, die für Arbeiten an goßen Strukturen benötigt werden.

Das erste Drei-Mann-EVA

Ein neuer Höhepunkte ergab sich im Verlauf der Mission STS-49 im Mai 1992. Aufgabe der Astronauten war damals das Einfangen des auf einer nutzlosen Bahn gestrandeten Satelliten Intelsat 603. Mit den dafür konstruierten Geräten war dies nicht gelungen, und so war wieder die Kreativität der Astronauten gefragt. Nach Tests von Kollegen auf der Erde erklärte sich die Bodenkontrolle bereit, den Vorstellungen der Astronauten zu folgen, den Satelliten von drei Astronauten zugleich mit den Händen »bändigen« zu lassen. Am 13. Mai 1992 gelang den Astronauten Pierre Thuot, Richard Hieb und Thomas Akers dieses Kunststück, und die bemannte Raumfahrt hatte ein weiteres Stück ihrer Begründung gefunden. Ein weiteres EVA dieser Mission, an dem

neben Akers auch Kathryn Thornton als dritte »Aussteigerin« überhaupt teilnahm, galt wieder Vorbereitungen auf den Bau einer Raumstation. Gerade die Arbeiten mit dem Intelsat-Satelliten hatten aber auch gezeigt, wie schwierig es ist, mit großen Geräten im All umzugehen, und daß nicht alles im Training mit völliger Perfektion geübt werden kann.

Hubble – eine Brille für ein Teleskop

In Vorbereitung der ersten Hubble Servicing Mission (STS-61) entschloß sich die NASA daher, bei weiteren Flügen Trainings-EVAs zusätzlich in das Programm aufzunehmen. Drei derartige EVAs, bei denen auch wieder Arbeiten für den Aufbau der Raumstation geübt wurden, fanden im Verlauf des Jahres 1993 statt. Damit war ein guter Grundstein für die wohl spektakulärsten Außenbordarbeiten im freien Weltraum überhaupt gelegt, der umfangreichen Reparatur des Hubble-Weltraumteleskops. Dabei sollte dem Hubble-Teleskop eine »Sehhilfe« eingesetzt werden, um einen erst im Weltraum bemerkten Konstruktionsfehler ausgleichen zu können. Diese Aufgabe wurde schließlich im Dezember 1993 in Angriff genommen. Obwohl man auf alle Eventualitäten vorbereitet war und sogar eine schnelle Folgemission einplante, falls nicht alle Arbeiten während der bis zu sieben möglichen Ausstiege erledigt hätten werden können, verlief alles wie am Schnürchen. Es lief sogar besser, als es je im Training gelaufen war. Von Beginn der Arbeiten an war man dem vorgegebenen Zeitplan voraus, lediglich beim letzten EVA gab es wegen Computerprobleme (im Teleskop) einige Wartezeiten. Bis auf einige Kommunikationsschwierigkeiten zu Kathy Thornton verlief alles völlig programmgemäß. So konnten alle Arbeiten zur Reparatur des astronomischen Superinstrumentes ohne Probleme abgewickelt werden. Die NASA sprach von einem 110%igen Erfolg dieser Arbeiten, und sie hatte ihre größte Herausforderung seit der Mondlandung mit Bravour bestanden, auch wenn der Erfolg der Reparatur zu diesem Zeitpunkt noch ungewiß war. Die gründliche Vorbereitung und das hervorragende Engagement und Können der vier Außenbordastronauten hatten sich auf jeden Fall auf ganz phantastische Weise ausgezahlt!

Die Vorbereitungen zum Aufbau der Internationalen Raumstation (International Space Station, ISS) prägten seit wenigen Jahren besonders die EVA-Aktivitäten innerhalb des amerikanischen Space Shuttle-Programms. Hierzu gehörten u.a. auch der Test und die Einsatznutzung des Sicherheitsrucksacks SAFER (Simplified Aid For EVA Rescue), der begrenzte Freiflüge von Astronauten ermöglicht, wobei er vornehmlich dazu gedacht ist, einen Astronauten sicher wieder zur ISS zurückzubringen, falls er sich ungewollt von der Raumstation entfernen sollte. Erstmals wurde SAFER bei der Shuttle-Mission STS-64 im September 1994 von den Astronauten Mark Lee und Carl Meade im Freiflug getestet.

Mit dem Zusammenbau von Gitterstrukturen bereiteten sich die USA bereits 1985 auf den Aufbau einer großen Raumstationen vor.

Diesen Notfall-Freiflieger kann man durchaus als Weiterentwicklung der Freiflugeinheiten aus dem Gemini- und dem frühen Shuttle-Programm bezeichnen. Im Gegensatz zu diesen ist er aber nicht für operative Freiflugeinsätze im freien Weltraum entwickelt worden, sondern für Notfalleinsätze. SAFER soll einem EVA-Astronauten ermöglichen, zur Raumstation zurückzukehren, falls seine Sicherungsleine reißen oder sich lösen sollte. Träte dieser Fall bei normalen Shuttle-Missionen ein, könnte der Astronaut vom Shuttle selbst wieder eingefangen werden, mit der Raumstation geht das natürlich nicht.

Der Zusatz»rucksack«, der an den Lebenserhaltungsrucksack des Astronauten angelegt wird, verfügt über ein automatisches Lagestabilisierungssystem, das zunächst die Lage des Astronauten im All stabilisieren soll. Danach kann der Astronaut über Steuereinrichtungen die nötigen Bewegungen einleiten, die ihn in die Nähe der Station bringen, um sich dort festhalten zu können. Das vom Johnson Space Center (JSC) der NASA entwickelte SAFER-Gerät paßt genau unter den Lebenserhaltungs-Tornister des Raumanzuges. Zwei ausklappbare Arme erstrecken sich an der Seite dieses Tornisters bis in Halshöhe des Astronauten. Sie enthalten je zwölf Kaltgasdüsen von je 3,561 N Schub. Die Düsen sind so angeordnet, daß durch ihren Einsatz Bewegungen um alle Achsen und in jeder Richtung möglich sind. In einem Tank werden 1,4 kg Stickstoffgas unter hohem Druck mitgeführt. Der Gasantrieb reicht für eine Gesamtgeschwindigkeitsänderung von 3,05 m/s. Eine Reihe von zusammen 25 handelsüblichen Neun-Volt-Batterien versorgt das Gerät mit Strom von 28 Volt Spannung. Gesteuert wird SAFER von einem einzelnen Handsteuerknüppel, der am Bedienmodul des Raumanzuges auf der Brust des Astronauten getragen wird. Wichtigste Geräte der Anlage sind drei Quarzkreisel, die alle auf sie einwirkenden Beschleunigungswerte messen. Aus diesen Werten berechnet ein Kleincomputer den aktuellen

Bewegungszustand des Astronauten und bestimmt die für die Stabilisierung nötigen Düseneinsätze. Die Gesamtmasse von SAFER beträgt 37,6 kg. Innerhalb des Shuttle können zwei zusammengeklappte SAFER-Einheiten in einer Standard-Kiste am Boden der Luftschleuse mitgeführt werden. Das Training mit dem Gerät erfolgt im riesigen Wassertank des Johnson Space Center in Houston/Texas. Hier machen die Astronauten erste Erfahrungen mit dem Gerät. Zwischenzeitlich hat aber auch das sog. Virtual Reality Laboratory eine wichtige Aufgabe übernommen. Hier kann der Astronaut in der computersimulierten Umwelt seinen SAFER nach Herzenslust »fliegen«.

Bei der Mission STS-64 wurde das Gerät schließlich unter realen Bedingungen im Weltraum getestet. Dies erfolgte in vier Schritten. Zunächst machten sich die Astronauten Lee und (später) Meade mit dem Gerät vertraut, dann wurde die Technik überprüft, schließlich erfolgten Rettungs-Demonstrationen, und abschließend wurde die Freiflugqualität von SAFER überprüft. Zunächst flog Lee nur innerhalb des Frachtraumes der Raumfähre Discovery. Nach einem ersten Nachtanken folgten weitere technische Überprüfungen, ebenfalls im Frachtraum. Nach einem erneuten Nachtanken versetzte Meade seinen Kollegen am ausgefahrenen Manipulatorarm der Fähre in Drehung und stieß ihn »über Bord«. SAFER stabilisierte Lee binnen weniger Sekunden, und er konnte in die Arme seines Kollegen zurückkehren. Diese Versuche wurden mehrfach wiederholt. Nach einem weiteren Tankstopp konnte Lee den Notfall-Freiflieger bei Präzisionsflügen oberhalb des Frachtraumes genau testen. Die gesamte Prozedur wurde dann von Meade wiederholt.

EDFT – Übung macht den Meister

Ebenfalls in Erwartung des Aufbaus der Raumstation setzte die NASA innerhalb des Shuttle-Programms mehrere EVA-Demonstrationsflugtests (EVA Demonstration Flight Tests, EDFT) an, in denen es vornehmlich darum ging, spezielle Instrumente, Gerätschaften und Vorgehensweisen zu testen, wie sie für den Aufbau der ISS-Station von Bedeutung sein würden. Hierzu gehörten auch Tests eines verbesserten EVA-Anzugs. Erste Tests des modifizierten Anzuges brachten im Februar 1995 (STS-63) nicht alle gewünschten Ergebnisse. Neuerliche Tests im September 1995 (STS-69) waren dann überaus erfolgreich und qualifizierten diesen Raumanzug für den Einsatz im ISS-Programm. Modifikationen am Raumanzug waren nötig geworden, weil sich bei Einsätzen in der Umgebung der ISS ganz andere thermische und optische Gegebenheiten einstellen werden, als sie bisher bei Außenbordeinsätzen üblich waren. Im Gegensatz zu »normalen« Raumschiffen kann man die komplexe ISS-Struktur nicht auf einen optimalen Sonnenstand ausrichten. Die Astronauten werden für längere Zeit im Schatten, also in der eisigen Kälte des Alls, arbeiten müssen, oder sie werden sehr lange der direkten Sonneneinstrahlung ausgesetzt sein. Spätestens seit den Apollo-Mondmissionen ist die Kühlung des Raumanzuges kein großes Problem mehr, aber der Kälteschutz, besonders im Bereich der Finger, führte bislang zu erheblichen Problemen. Nach der Überarbeitung des Anzuges konnte dieses Problem befriedigend gelöst werden. Dies gilt auch für die Lichtversorgung durch Speziallampen am Helm des Astronauten. Auch die zweite Hubble Servicing Mission (STS-82), während der das Teleskop u.a. neue Beobachtungsinstrumente erhielt, verlief einwandfrei und gilt als großartige Fortschreibung dieser Episode der Raumfahrt.

Das Abenteuer geht weiter...

Der Beginn des Aufbaus der Internationalen Raumstation läuft jetzt an. Mit den Space Shuttle-Missionen innerhalb des ISS-Programms werden die EVA-Arbeiten eine völlig neue Qualität erreichen. Außenbordarbeiten, allein zur Vernetzung der einzelnen Elemente der Raumstation werden zur Routine werden müssen. Die dabei anfallenden Außenbordzeiten je Astronaut werden die bisherigen Statistiken weit in den Schatten stellen. Schon nach kurzer Zeit dürfte die bisherige Aufenthaltszeit von Menschen im freien Weltraum deutlich überschritten werden. So werden bis zum Jahr 2004/2005 bis zu 650 EVA-Stunden erwartet. Danach sollen jährlich bis zu 170 EVA-Stunden anfallen, um Geräte zu wechseln, die Station zu warten und weiter auszubauen.

Rechts: Winston Scott während eines Außenbordmanövers im All.

PAYLOAD BAY FLOOR

Kapitel 7

Steffen Kaduk

Bypass und Brille

Bypass und Brille – Wartung von Satelliten im All

Mit einer projektierten Nutzlastkapazität von knapp 30 t (tatsächlich realisiert wurden bis jetzt rund 25t) ist das Space Shuttle in erster Linie ein äußerst leistungsfähiges und flexibles Raumtransportsystem. Es dabei zu belassen, hieße aber, die wirklichen Qualitäten dieses Raumfahrzeugs zu verschwenden. Ein Shuttle-Orbiter ist vielmehr auch eine stabile, zugleich sehr großzügig manövrierbare Basis für die verschiedensten Arbeiten im erdnahen Weltraum. Eine bis zu acht Mann starke Besatzung kann mehr als zwei Wochen lang astronomische und Erdbeobachtungen durchführen, wissenschaftliche und kommerzielle Experimente betreuen und Technologietests aller Art absolvieren. Schließlich ist es auch möglich, den Orbiter zu verlassen, um Arbeiten im freien Weltraum durchzuführen. Letzteres brachte die NASA dazu, schon frühzeitig die Möglichkeit zu untersuchen, Satelliten direkt vor Ort in der Erdumlaufbahn zu warten, nachzubetanken und notfalls zu reparieren. Bereits einige der ersten Shuttle-Flüge wurden genutzt, um die dazu notwendigen Geräte, Werkzeuge, Verfahren und Arbeitsabläufe unter realen Bedingungen zu testen.

1984 kam schließlich der erste derartige »Paukenschlag«, als es einer fünfköpfigen Crew unter Kommandant Robert Crippen gelang, in einer 500 km hohen Umlaufbahn den defekten Sonnenforschungssatelliten Solar Maximum Mission einzufangen und auf einer Plattform im Frachtraum der Challenger zu verstauen. Einen Tag später stiegen zwei Astronauten in den freien Weltraum aus und tauschten mehrere defekte Baugruppen des Satelliten aus. Nachdem »Solar Max« mit dem Greifarm wieder ausgesetzt worden war, begann er quasi ein zweites Leben und sendete erneut wissenschaftliche Daten von unschätzbarem Wert zur Erde. Ebenfalls 1984 testeten zwei Astronauten während einer Außenbordaktivität an einem Satellitenmodell die Nachbetankung eines Lageregelungssystems mit den erforderlichen Treibstoffen. Obwohl dieser Test erfolgreich war und bereits Pläne für die Betankung eines Landsat-Satelliten im Orbit vorlagen, wurde dieses Projekt von der NASA später wieder aufgegeben.

Dafür schrieben amerikanische Astronauten im November 1984 ein Kapitel Raumfahrtgeschichte, als es Joseph Allen und Dale Gardner während zweier spektakulärer Außenbordaktivitäten gelang, die beiden Nachrichtensatelliten Westar VI und Palapa B-2 praktisch per Hand einzufangen und nach komplizierten Manövern im Frachtraum der Challenger zu verstauen. Bei beiden Satelliten hatte zuvor jene Oberstufe versagt, die sie eigentlich in eine geostationäre Umlaufbahn hatte bringen sollen. Westar und Palapa wären ohne Space Shuttle zu millionenteurem Weltraumschrott geworden. So konnten sie sicher zur Erde zurückgebracht, generalüberholt und schließlich neu verkauft und gestartet werden. Beide Satelliten befinden sich heute unter neuem Namen auf der geostationären Umlaufbahn.

Eine kosmische Bypass-Operation

Letzter Höhepunkt vor der Challenger-Katastrophe war die Reparatur des militärischen Nachrichtensatelliten Leasat-3 durch die Besatzung des Shuttle-Fluges STS-51I. Seine Oberstufe war zwar vollkommen in Ordnung, konnte aber wegen einer fehlerhaften Schalteinrichtung nicht gezündet werden. Im Sommer 1985 startete deshalb die Discovery ins Weltall, um Leasat einzufangen und eine Reparatur durchzuführen. Beides gelang den Astronauten James van Hoften und William Fisher während zweier nicht ganz ungefährlicher Außenbordaktivitäten. Nachdem sie eine Reparatur zur Überbrückung der fehlerhaften Schalteinrichtung durchgeführt hatten, die von der NASA als »kosmische Bypass-Operation« bezeichnet wurde, konnte der Satellit wieder ausgesetzt werden. Seine Oberstufe zündete wenig später problemlos und brachte ihn auf die angestrebte geostationäre Umlaufbahn.

Nach der Challenger-Katastrophe standen Reparaturen und Wartungsarbeiten an Satelliten zunächst nicht mehr im Vordergrund der Space Shuttle-Flugplanungen. Im Frühjahr 1992 mußte die NASA allerdings ein weiteres

Rechts: Steven Smith (links) und Mark Lee bereiten neue Werkzeuge für den Einsatz im All vor. Hinter den beiden das Hubble Space Telescope.

NASA
GODDARD
SPACE
FLIGHT
CENTER

Zahlreiche Ersatzteile und Werkzeuge befinden sich in der offenen Ladebucht der Raumfähre Endeavour und dienen der ersten Servicemission zum Hubble Space Telescope im Dezember 1993.

Mal in die Bresche springen, um einen neuen Millionenverlust im Weltall zu verhindern. Es ging um den fast 300 Millionen Dollar teuren Nachrichtensatelliten Intelsat 603 der internationalen Fernmeldeorganisation Intelsat, der im März 1990 mit einer Trägerrakte gestartet worden war. Nach dem Erreichen der geplanten Anfangsbahn schlug die Trennung des Satelliten von der ausgebrannten zweiten Raketenstufe der Titan fehl. Um wenigstens Intelsat vor dem baldigen Rücksturz zur Erde zu retten, trennte man den Satelliten von seiner eigentlich noch benötigten Oberstufe, die damit verloren war. Danach entstand der Plan, Intelsat im erdnahen Orbit mit einer neuen Oberstufe auszurüsten, was beim Shuttle-Flug STS-49 mit dem gerade erst in Dienst gestellten Orbiter Endeavour in die Tat umgesetzt wurde. Nachdem der ursprüngliche Plan zum Einfangen des über 4 t schweren Satelliten gescheitert war, gelang das schließlich bei einer spektakulären Außenbordaktivität, an der zum ersten Mal in der Geschichte der bemannten Raumfahrt drei Astronauten teilnahmen. Pierre Thuot, Richard Hieb und Thomas Akers fingen

Rechts: Am Heck der Challenger schweben James van Hoften (links) und George Nelson und führen Wartungsarbeiten am Satelliten Solar Max durch.

Intelsat per Hand ein und montierten ihn auf einen neuen Feststoffmotor, der sich im Frachtraum der Endeavour befand. Dieses Gespann aus Satellit und Oberstufe wurde später wieder in den Weltraum entlassen und erreichte ohne weitere Probleme die vorgesehene geostationäre Umlaufbahn in rund 36.000 Kilometer Höhe.

Hubble – aus Notfall-Reparatur wird Routine-Wartung

Das eigentliche Meisterstück in Sachen Reparatur im Weltall lieferte die NASA allerdings bei einem ihrer eigenen Satelliten ab. Und das nicht ganz freiwillig! Es ging um das Hubble-Weltraumteleskop (Hubble Space Telescope, HST), das im April 1990 mit der Raumfähre Discovery in den Weltraum gebracht worden war. Schon kurz nach dem Start stellte sich heraus, daß das Milliarden-Dollar-Projekt zu einer erstklassigen Pleite zu werden drohte, denn der Hauptspiegel des HST war um eine Winzigkeit falsch geschliffen worden. Damit konnte das mit soviel Vorschußlorbeer bedachte Teleskop – ohnehin der teuerste Wissenschaftssatellit aller Zeiten – nur astronomische Bilder liefern, deren Qualität nicht besser war als bei den größten erdgebundenen Teleskopen. Der Imageverlust der NASA war gigantisch. Doch die NASA wäre keine amerikanische Raumfahrtbehörde, wenn sie sich von derartigen Rückschlägen hätte entmutigen lassen. Zügig aber ohne Hektik wurde ein Plan entwickelt, den sphärische Aberration genannten Fehler des HST-Hauptspiegels zu korrigieren. Heraus kam ein filigranes, fernsteuerbares System aus kleinen Korrekturspiegeln, das COSTAR genannt wurde und in den Strahlengang des HST gebracht werden mußte. Hier nun kam der NASA die Tatsache entgegen, daß das HST von vornherein für eine Wartung, Reparatur und Modernisierung im Orbit ausgelegt worden war.

Im Dezember 1993 startete die Raumfähre Endeavour mit einer siebenköpfigen, weltraumerfahrenen Besatzung, um den »Trouble mit Hubble« zu beenden. Zunächst wurde das rund 13 m lange und 11 t schwere Teleskop mit dem Greifarm der Endeavour eingefangen und auf einer speziellen Halteplattform im Frachtraum verankert. Dann begann eine bis dahin in der amerikanischen Raumfahrt noch nie dagewesene Serie von fünf Außenbordaktivitäten an ebenso vielen aufeinanderfolgenden Tagen. Da Arbeiten im freien Weltraum physisch und psychisch extrem anstrengend sind, wechselten sich zwei Astronauten-Teams dabei ab. Den Anfang machten Jeffrey Hoffman und Story Musgrave, die zwei unzuverlässige Lageregelungskreisel und zwei Elektronikboxen des HST auswechselten. Einen Tag später folgten Kathryn Thornton und Thomas Akers, die die riesigen Solarzellenflächen des HST gegen neue Einheiten austauschen sollten. Eigentlich sollten die alten Flächen vorher in ihre Transportkassetten eingerollt und auf diese Weise erst einmal handhabbar gemacht werden, aber eine der beiden war schon so verbogen, daß das nicht mehr klappte. Kathryn Thornton mußte das sperrige, meterlange Gebilde daher »über Bord« werfen, was

Das Hubble Space Telescope ist repariert und wird mit dem Greifarm der Discovery wieder ausgesetzt. Jetzt können die Astronomen mit ihren Beobachtungen des Universums fortfahren.

Links: Intelsat-VI-Satellit: Er bekommt von der Besatzung der Endeavour-Mission STS-49 eine neue Raketenstufe, um seine endgültige Umlaufbahn in 36.000 Kilometern Höhe erreichen zu können.

unter den Bedingungen in einer erdnahen Umlaufbahn alles andere als einfach war. Die dritte Außenbordaktivität brachte den Einbau einer neuen Planetenkamera, die bereits über einen internen Korrekturmechanismus für den fehlerhaft geschliffenen Hauptspiegel verfügte, sowie die Montage neuer Magnetometer für die Lagebestimmung des HST im Weltraum.

Wieder einen Tag später war es endlich soweit – das HST bekam seine »Brille« verpaßt, mit der die peinliche Fehlsichtigkeit für immer korrigiert wurde. Konkret entfernten die Astronauten Thornton und Akers ein High Speed Photometer genanntes wissenschaftliches Instrument aus dem HST und setzten statt dessen COSTAR ein. Beide Systeme waren in identischen Gehäusen untergebracht, die etwa die Größe einer Telefonzelle hatten. Die Foto- und Videoaufnahmen dieser Arbeiten gehören zum Faszinierendsten, was je aus dem erdnahen Weltraum zur Erde übertragen wurde. Als das erledigt war, versorgten die beiden Astronauten das HST noch mit einem Co-Prozessor, um dessen Bordcomputer schneller zu machen. Es war ein 386er, was bei Computerfreaks ein müdes Lächeln hervorrufen dürfte, aber ein Pentium hält den harten Umgebungsbedingungen der Erdumlaufbahn heutezutage noch nicht stand. Musgrave und Hoffman rundeten die äußerst erfolgreiche Reparaturmission während der fünften Außenbordaktivität ab. Sie tauschten eine weitere Elektronikbox aus, klappten manuell die Kassetten mit den neuen Solarzellenflächen aus und brachten über den Magnetometern selbst gebastelte Schutzhüllen aus Goldfolie an. Nachdem das HST auf einer etwas höheren Umlaufbahn wieder ausgesetzt worden war, sollte es in den nächsten Monaten und Jahren Aufnahmen des Universums liefern, die eine neue Revolution in der Astronomie einläuteten. Die große Hubble-Pleite war nur noch Geschichte ...

Doch für die NASA war das Kapitel HST noch lange nicht zu Ende. Wie bereits erwähnt, sollte das Teleskop auch weiterhin regelmäßig gewartet und auf den neuesten wissenschaftlichen und technischen Stand gebracht werden. Planmäßig startete deshalb im Februar 1997 die Raumfähre Discovery, um dem HST einen weiteren Besuch im Erdorbit abzustatten. Obwohl diesmal nicht Ehre und Image der NASA auf dem Spiel standen, war die Mission ebenso spannend und wichtig. Erneut wurden von zwei Astronauten-Teams an fünf aufeinanderfolgenden Tagen fünf Außenbordaktivitäten absolviert, von denen die letzte nicht einmal fest eingeplant gewesen war. Hauptaufgabe der Astronauten war diesmal der Austausch zweier mittlerweile veralteter und abgenutzter wissenschaftlicher Geräte gegen zwei neue, die dem aktuellen Stand von Wissenschaft und Technik entsprachen. Die NICMOS und STIS genannten Geräte waren samt ihrer komplexen Untersysteme in standardisierten Gehäusen untergebracht, die wieder die Größe einer Telefonzelle hatten. Diese Boxen wogen auf der Erde stolze 320 kg bzw. 350 kg und behielten in der Schwerelosigkeit des Weltraums natürlich ihre Massenträgheit, weshalb ihre Handhabung durch die Astronauten alles andere als einfach war. Erneut wurden auch technische Systeme des HST ausgewechselt, die nach der langen Zeit im Weltall defekt oder verschlissen waren. Schließlich mußte die Crew sogar improvisieren, um Schäden an der aus Goldfolie bestehenden Thermalisolierung des HST zu beheben, die beim Start der Discovery noch gar nicht bekannt gewesen waren.

Auch die Raumstation muß gewartet werden...

Für die nahe Zukunft sind in regelmäßigen Abständen weitere Shuttle-Flüge zum Hubble-Weltraumteleskop geplant, die die NASA HST Servicing Missionen nennt. Die nächste ist im Oktober 1999 mit der Discovery vorgesehen. Ansonsten werden sich die Arbeiten im All zukünftig auf die Wartung der Internationalen Raumstation konzentrieren, und daher wird es wohl so schnell keine weiteren Satellitenreparaturen in der Erdumlaufbahn mehr geben. Es sei denn, die NASA muß wieder einmal außerplanmäßig einen Millionenschaden im Weltall verhindern...

Rechts: Zwei Astronauten schweben am Greifarm der Discovery und führen Wartungsarbeiten am Hubble-Teleskop aus.

NASA
GODDARD SPACE

Kapitel 8

Dirk Rensink

Spacelab und Spacehab

Spacelab und Spacehab

Wissenschaft im Shuttle-Programm

An Bord eines Raumschiffes herrscht im antriebslosen Zustand Schwerelosigkeit – ein Zustand, der auf der Erde lediglich im freien Fall herzustellen und daher nur für Sekunden aufrecht zu erhalten ist. Durch das fehlende Gewicht in der Schwerelosigkeit eröffnen sich für Physiker, Biologen, Chemiker und andere Forscher aus den verschiedensten Bereichen der reinen und angewandten Wissenschaften neue Möglichkeiten zur Forschung.

Flüssigkeiten (u. a. auch geschmolzenes Metall) verhalten sich anders als auf der Erde. Hier hat man aufgrund der Erdanziehung mit der Entmischung der Komponenten in einer Schmelze zu kämpfen, wobei sich die schwereren am Boden absetzen. Fehlt die Schwerkraft, bleiben sie vermischt, und nur noch thermale Effekte können sie trennen. Dies ist besonders für die Materialforschung interessant, denn so können neuartige Werkstoffe hergestellt werden. Für die Medizin ist es wichtig, von bestimmten Proteinen besonders große und reine Kristalle herzustellen, um mit Hilfe von Röntgenstrahlen ihre Struktur zu erkunden. Die Züchtung ausreichend großer und fehlerfreier Kristalle ist auf der Erde nicht möglich.

Die Idee der Nutzung der Schwerelosigkeit zu Forschungszwecken tauchte schon weit vor dem Start des ersten Satelliten auf: In dem 1923 erschienenen Werk

Für wissenschaftliche Einsätze wurde das Raumlabor Spacelab auf zahlreichen Space Shuttle-Flügen mitgenommen.

Eines von zwei gebauten Spacelab-Druckmodulen wurde auf eine neue Mission vorbereitet und wird nun zum Einbau in die Raumfähre Columbia transportiert.

»Die Rakete zu den Planetenräumen« von Hermann Oberth wird ein eventuell nutzbringender Effekt der fehlenden Schwere für die Forschung erwähnt. Mittlerweile ist die Forschung in der Schwerelosigkeit so weit, daß ernsthaft über Fabriken im All nachgedacht wird, in denen z.B. Werkstoffe mit neuartigen Eigenschaften oder besonders reine Medikamente hergestellt werden können. (Korrekterweise darf man nicht von Schwerelosigkeit innerhalb eines Raumschiffes sprechen, sondern von Mikrogravitation. Selbst in den ausgesetzten Satelliten herrscht keine vollkommene Schwerelosigkeit, da der Satellit durch die Reste der Erdatmosphäre zwar nur sehr gering, aber kontinuierlich abgebremst wird. Typischerweise erreicht man, daß maximale Beschleunigungen und damit Störungen der Experimente in der Größenordnung des 10^{-6}- bis 10^{-7}-fachen der Erdanziehung erreicht werden.)

Spacelab – Europas Weltraumlabor

Ein Wegbereiter zu diesen Plänen ist das von Europa gebaute Spacelab, welches in der Ladebucht des Space Shuttle mitgeführt werden kann. Schon zu Beginn der Konzeptionsphase des Space Shuttle Anfang der siebziger Jahre wurde klar, daß die Forschergemeinschaft durch die Experimente an Bord der Gemini- und Apollo-Kapseln die Schwerelosigkeit für sich entdeckt hatte und dementsprechend das Interesse an Grundlagenforschung in der Schwerelosigkeit groß war. Auch war deutlich geworden, daß sich recht bald viele interessante Anwendungsmöglichkeiten ergeben sollten, die es ebenfalls zu erkunden galt. In Gesprächen über das Nach-Apollo-Programm zwischen Vertretern der NASA und der damaligen europäischen Weltraumforschungsbehörde ESRO (die 1975 mit der ELDO zur ESA verschmolz) entstand langsam die Idee eines Laboratoriums im Weltraum – Spacelab war geboren.

Spacelab sollte es ermöglichen, gewöhnliche Laboratoriumsgeräte im Weltraum einzusetzen, um eine maximale

Blick in ein geöffnetes Spacelab-Druckmodul. Hier werden gerade die kompletten Materialschränke mit sämtlichem Zubehör für die wissenschaftlichen Aufgaben im All verstaut.

Flexibilität hinsichtlich der Experimentdurchführung zu erreichen. Bei einem unbemannten Satelliten wären die Experimente während des Fluges auf sich selbst gestellt, während beim Spacelab der Forscher und der Astronaut während der Experimentdurchführung ständig in Kontakt und so unvorhergesehene Situationen besser zu meistern sein sollten. Daneben könnten die Experimente auch ohne Eingriff der Crew ablaufen, um die Ausnutzung und Effizienz des Weltraumlabors zu erhöhen.

Druckmodul und Paletten – das modulare Konzept

Das zügig aufgestellte Spacelab-Konzept sah einen modularen Aufbau vor, was verschiedene Flugkonfigurationen mit den gleichen Elementen gestattete. Zu diesen Elementen sollten eine druckbeaufschlagte Einheit (das Druckmodul, in dem sich Astronauten aufhalten können) sowie offene Palettensegmente zur Montage von Experimenten unter den Bedingungen des freien Weltraums in der Ladebucht gehören.

Das Druckmodul besteht aus zwei zylindrischen Segmenten, dem Kernsegement mit einem Sichtfenster und dem Experimentiersegment mit einer Luftschleuse. Zusammen mit den Endflanschen hat es eine maximale Gesamtlänge von 7 m und füllt damit den Laderaum des Space Shuttle fast zur Hälfte aus, wo es am Boden und an den Seitenstreben befestigt ist. Das Kernsegment kann auch alleine geflogen werden, was praktisch aber nicht vorgekommen ist. Das Druckmodul ist für jede Mission mit speziell ausgerüsteten Racks versehen. Es können bis zu 12 Racks untergebracht werden, die ihrerseits maximal 580 kg an Geräten und Experimenten aufnehmen können. Die Verbindung der Crewkabine des Space Shuttle zum Druckmodul erfolgt mittels eines Tunnels, der einen Durchmesser von einem Meter hat. Die Atmos-

Rechts: Eine offene Spacelab-Palette mit dem Lidar In-Space Technology Experiment (LITE-I). Spacelab-Paletten dienen als Trägerstruktur für Nutzlasten innerhalb der Shuttle-Ladebucht.

LITE
NASA

phäre des Druckmoduls und des Tunnels besteht aus Sauerstoff und Stickstoff bei einem Druck von einem Bar. Die Crew braucht daher keine Druckanzüge, sondern kann mit einem Overall bekleidet ihrer Arbeit nachgehen.

Die Palettensegmente sind der Form des Laderaums genau angepaßt. Sie sind dazu gedacht, Geräte und Experimente aufzunehmen, die direkt dem Weltraum ausgesetzt werden sollen. Ohne Druckmodul können gleichzeitig bis zu drei Paletten mitgenommen werden. Subsysteme wie Datenspeicher oder Computer, die sich sonst im Druckmodul befinden würden, kommen in einen druckbeaufschlagten Kanister (den sog. Iglu), der an der vordersten Palette angebracht ist.

Das Druckmodul wie auch die Paletten werden so weit wie möglich im hinteren Teil des Laderaums montiert, damit der Schwerpunkt des Space Shuttle nicht zu weit nach vorn rutscht. Dies ist vor allem für den Start und den Wiedereintritt, den Gleitflug und die Landung wichtig. Die Spacelab-Komponenten sind an den Energieversorgungs-, Lebenserhaltungs- und Kommunikationssystemen des Space Shuttle angeschlossen. Verschiedene Kombinationen von langem bzw. kurzem einteiligem Druckmodul ohne oder mit einer oder mehreren Paletten oder einer kleinen Geräteaufnahmestruktur sind möglich. Die Spacelab-Elemente gestatten einen zwei- bis dreiwöchigen Aufenthalt im All, sind komplett wiederverwendbar und so ausgelegt, daß sie 50 Missionen überstehen können (das entsprach nach damaligen Flugplanungen einer Lebensdauer von ca. zehn Jahren).

Spacelab war somit viel größer als die Mercury, Gemini und Apollo-Kapseln und technisch wesentlich weiterentwickelt als Skylab. Während in Skylab Apparaturen ein-

Rechts: Das Space Radar Laboratory, eine Anordnung von Radarantennen zur Erderkundung, nahm an zwei Space Shuttle-Flügen teil. Hier wird es in einen Transportbehälter verladen.

Das Spacelab-Druckmodul mit einer Außenstruktur für Experimente wird in einen Transportbehälter verladen, um die wertvolle Fracht anschließend zum Einbau in die Orbiter Processing Facility zu bringen, wo bereits die Raumfähre Columbia wartet.

JPL

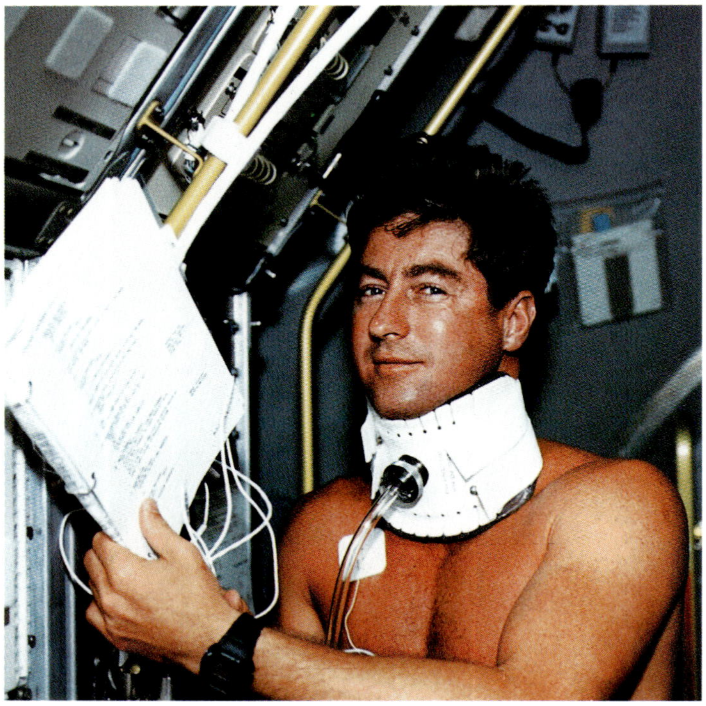

Spacelabbesatzungen bei der Duchführung von lebenswissenschaftlichen Grundlagen-Experimenten.

Rechts: Catherine Coleman bei der Arbeit im United States Microgravity Laboratory-2 (USML-2)

gesetzt wurden, die sich bereits bewährt hatten, war Spacelab komplett neu durchkonstruiert. Das modulare Konzept gestattete niedrige Konstruktions- und Fertigungskosten, verminderte Komplexität in der Handhabung und im Einsatz sowie eine geringe Ersatzteilmenge. Nahezu 50 europäische Firmen nahmen diese Herausforderung an.

Die Entwicklungsphase des 1,7-Mrd.-DM-Programms begannen im Februar 1973 bei MBB und ERNO-VFW-Fokker mit unabhängigen Studien, die im August 1973 abgeschlossen waren. Während dieser Zeit prüfte die

Microgravity
USML-2

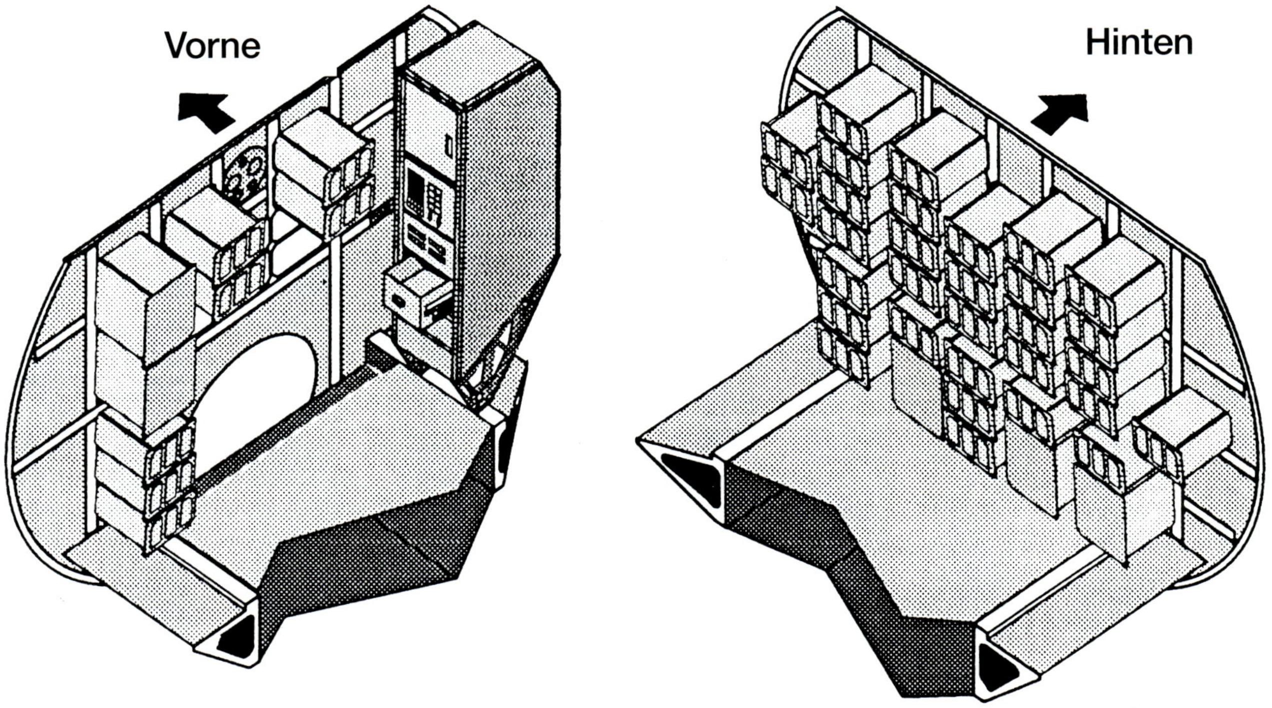

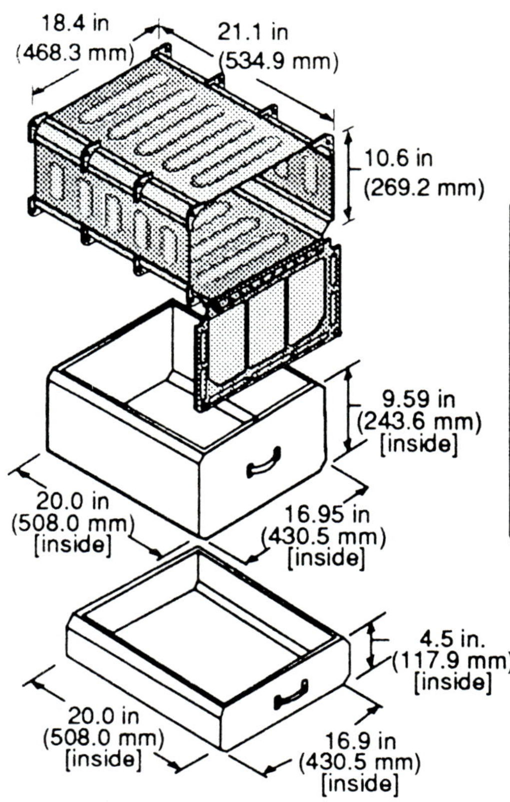

Standartisierte Experimentschublade mit einem Volumen von ca. 1,8 Liter und einer Tragfähigkeit von ca. 19 kg.

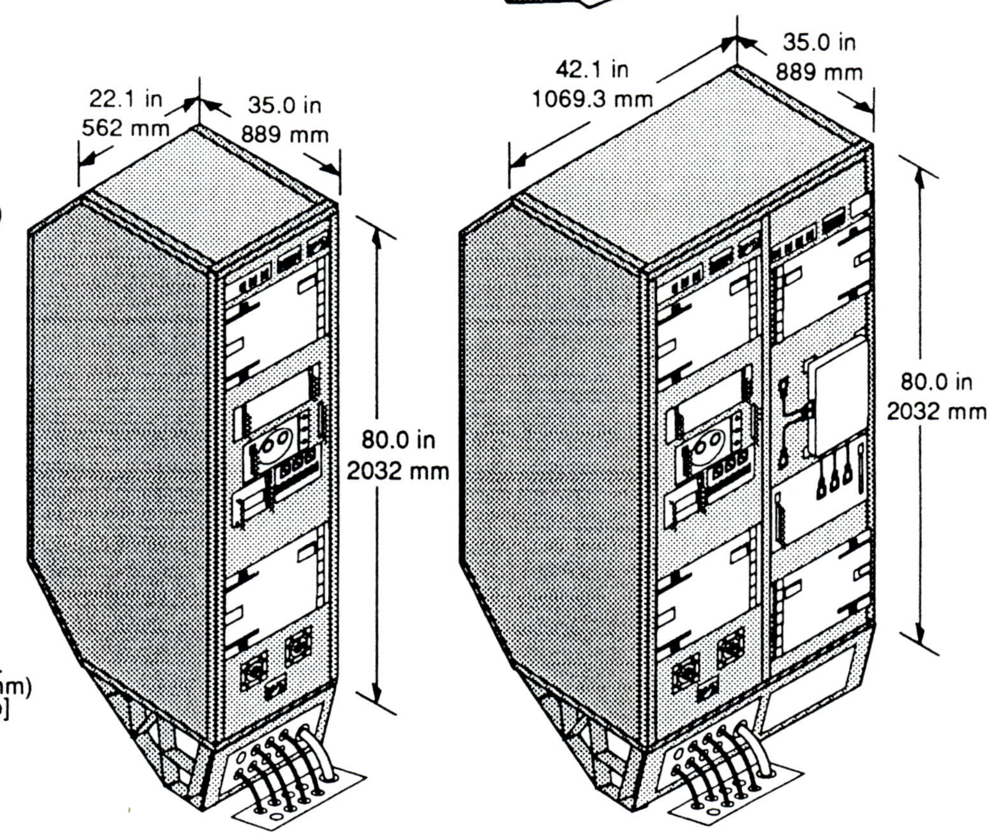

Standartisiertes Experimentierregal mit einem Gesamtvolumen von ca. 42 Liter und einer Tragfähigkeit von ca. 430 kg.

Für Versorgungsflüge zur Raumstation Mir diente das Spacehab als Stauraum, vor allem für frische Lebensmittel.

Astronautin Janice Voss schwebt durch die Druckschleuse der Raumfähre Endeavour in das Spacehab-Modul ein.

David Wolf unternimmt während eines Fluges Selbstuntersuchungen für medizinische Forschungen.

NASA die Übernahme des Spacelab-Konzeptes für das Shuttle-Programm. Am 24. September 1973 wurde Spacelab Gegenstand eines Regierungsabkommens zwischen den USA und neun ESA-Staaten zuzüglich Österreich (als assoziiertes Mitglied). Der Planung nach sollte der erste Flug einer Spacelab-Druckeinheit 1979 erfolgen. Wegen der Verzögerungen im Shuttle-Programm wurde daraus aber erst ein Termin zum Ende des Jahres 1983.

Vereinbart wurde, daß die ESA einen kostenlosen Flug inklusive Mitflug eines eigenen Astronauten im Spacelab erhalten sollte. Danach ging das Spacelab in den Besitz der NASA über, was aus ökonomischer Sicht sich heute gar nicht so unverständlich darstellt. Zwar wurde der ESA nach der Überlassung der teuren Hardware jeder weitere Start mit 100 Mio. Dollar plus 300 Mio. Dollar für die Spacelab-Nutzung von amerikanischer Seite in Rechnung gestellt, aber schließlich übernahm die NASA dafür auch die recht teure Aufbewahrung der beiden Spacelab-Module (ein zweites wurde von der NASA gekauft) in einem staubfreien Reinraum sowie auch deren Wartung. Außerdem verpflichtete sich die NASA mit diesem Vertrag, auf Jahre hinaus kein eigenes, vergleichbares Labor zu entwickeln.

Nach der Vertragsunterzeichnung mit den USA konnten die Arbeiten in Europa beginnen. Hierzu hatte der industrielle Hauptauftragnehmer ERNO zehn Co-Kontraktoren verpflichtet, die ihrerseits wiederum 36 Subkontraktoren in elf Ländern beschäftigten. Wichtigste Partner waren AEG Telefunken, Dornier und SEL aus Deutschland, Bell Telephone und SABCA aus Belgien, SENER aus Spanien, Matra und Thomson-CSF aus Frankreich, Aeritalia aus Italien, die niederländische Fokker sowie British Aerospace aus Großbritannien. Auf dem Höhepunkt der Entwicklungsarbeiten waren über 2.000 Menschen am Spacelab-Programm beteiligt. Allein im ESA-Technologiezentrum (ESTEC) im niederländischen Noordwijk waren rund 100 Ingenieure an diesem Programm beteiligt. Die Übergabe eines ersten Spacelab-Modells (Soft Mock-up) an die NASA erfolgte im Juni 1975. Im Dezember des gleichen Jahres wurde das erste Arbeitsmodell (Hard Mock-up) fertiggestellt. Drei Jahre später wurde das erste Ingenieurmodell einer Spacelab-Palette an die NASA übergeben. Nach einem weiteren Jahr konnte ein derartiges Modell des Spacelab-Druckmoduls übergeben werden. Im Dezember 1981 wurde das erste lange Druckmodul plus Palette an die NASA ausgeliefert. Ihm folgte im November 1982 die Übergabe einer vollen Paletteneinheit für die Mission Spacelab-2. 1984 wurde schließlich das zweite komplette Druckmodul verkauft.

Als das Spacelab-Programm richtig ins Rollen kam und die ersten Shuttle-Missionen geplant wurden, hatte die NASA eine Vielzahl von Missionen mit dem Raumlabor geplant. 1975 war man davon ausgegangen, daß bis 1983 insgesamt 35 Spacelab-Missionen geflogen werden sollten, allein für 1983 waren 15 derartige Flüge geplant. Damals war man auch davon ausgegangen, daß das Shuttle bis zu diesem Zeitpunkt bereits 92 Flüge hinter sich gebracht hätte. 1981, als der erste Start der Columbia nun wirklich vor der Tür stand, konnte die NASA einen ersten realistischen Flugplan für das »Space Transportation System« bekanntgeben. Demnach waren bis

Rechts: Das Fotografieren der Erde mit leistungsstarken Kameras steht auf jedem Flugprogramm.

4

Astronaut Donald Thomas bei der Forschungsarbeit im All. Er beobachtet u. a. verschiedene Tierarten und deren Verhalten in der Schwerelosigkeit.

Ende 1985 insgesamt 13 Spacelab-Einsätze vorgesehen. Die weiteren Verzögerungen innerhalb des Shuttle-Programms und bei der Nutzung der Spacelab-Einheit führten aber dazu, daß auch diese Planung schon bald überholt war.

Ein deutscher Europäer als erster Ausländer im Shuttle

Der erste Start eines Space Shuttle mit Spacelab-Komponenten in der Ladebucht erfolgte schließlich am 28. November 1983 und demonstrierte eindrucksvoll die Richtigkeit des Konzeptes und die Zuverlässigkeit der in Europa geleisteten Arbeit. Hierzu trug auch die Arbeit des ersten ESA-Astronauten, des Deutschen Ulf Merbold, und seiner amerikanischen Besatzungskollegen wesentlich bei. Zuvor waren bereits Spacelab-Paletten zur Aufnahme von wissenschaftlichen oder technologischen Geräten auf anderen Flügen genutzt worden. Die weiteren Einsätze, besonders die des Druckmoduls, zeigten, wie groß die Nutzungsmöglichkeiten dieser Laboreinheit im Zusammenwirken mit dem Space Shuttle sind. Besonders eindrucksvoll wurde dies in Deutschland bei den beiden Spacelab-D-Missionen 1985 und 1993 deutlich. Die technische Leistungskraft des Spacelab, gepaart mit dem Können der hervorragend ausgebildeten Astronauten und Flugkontrolleure am Boden, erbrachte hierbei eindrucksvolle Erfolge und Ergebnisse.

25 Einsätze in 16 Jahren

Bis 1986 waren ganze vier Spacelab-Missionen geflogen worden. Interessant ist vielleicht, daß gerade die D-1-Mission fast pünktlich absolviert werden konnte! Im Januar 1986 hatte die NASA ein überarbeitetes Programm herausgegeben, das bis zum Juli 1988 definitiv elf Spacelab-Missionen vorsah, die bereits eine feste Flugnummer erhielten. Die Explosion der Challenger machte auch diese Startplanung wieder hinfällig. Einschneidendste Maßnahme diesbezüglich war, daß es keine Starts von Vandenberg geben würde und damit auch keine polare Shuttle/Spacelab-Missionen. Als der Start der Mission STS-26 und damit die Wiederaufnahme des Shuttle-Flugbetriebes anstand, wurde 1988 auch ein neuer Einsatzplan für das Spacelab veröffentlicht. Bis zum April 1994 sah dieser Flugplan 14 Spacelab-Flüge vor, wobei noch keine Zuordnung zu festen Shuttle-Flugnummern erfolgte.

Im April 1998 fand mit STS-90/Neurolab der bisher 24. und vorletzte Spacelab-Flug statt. Für das Druckmodul war es sogar die letzte Mission nach den heutigen Flugplänen. Den Abschluß des dann 16jährigen Spacelab-Programms bildet die topographische Erdvermessungsmission STS-99/SRTM im September 1999. Zu diesem Zeitpunkt wird die Shuttle-Flotte bereits für den Bau der Internationalen Raumstation ISS fest eingeplant sein, deren Baubeginn sich durch Finanzschwierigkeiten seitens Rußlands immer wieder verzögerte, aber im November 1998 endlich begann. Die Pläne zur Forschung in der Mikrogravitation werden sich damit ausschließlich auf diese Raumstation ausrichten. Somit wird ein geplanter ESA-Flug (E-1), welcher einmal als Ersatz bzw. Erweiterung für die ursprüngliche D-3-Mission vorgesehen war, auch nicht mehr durchgeführt.

Spacehab – Konkurrenz aus Amerika

Der zunehmenden Zahl kommerzieller Weltraumexperimente Rechnung tragend, gründete Robert Citron 1985 eine Firma in Seattle, die dafür sorgen wollte, den für derartige Experimente zu klein gewordenen Raum an Bord des Shuttle-Middecks zu vergrößern, ohne den gesamten Laderaum, wie beim Spacelab-Druckmodul, in Beschlag zu nehmen. Dabei wurde davon ausgegangen, daß das »Middeck Augmentation Module« direkt von der Crewkabine der Raumfähre zu erreichen sein und über zahlreiche Experimentiervorrichtungen verfügen müßte, wie sie bereits im Middeck vorhanden sind. Dadurch sollte nicht nur der Raum für mehr Experimente geschaffen, sondern auch die Möglichkeit für ungestörte Forschungen gegeben werden. Die während der bisherigen Shuttle-Missionen durchgeführten zusätzlichen Middeck-Experimente waren immer wieder durch die Routinearbeit der Astronauten gestört worden. Hinzu kam, daß während der Experimente im gleichen Raum andere Astronauten aßen, andere schliefen, körperliche Übungen machten oder die Toilette benutzten.

So entstand das Spacehab als ein flachzylindrisches Modul, das über einen kurzen Tunnel von der Crewkabine aus erreicht werden kann. Dieser aus dem Spacelab-Programm entliehene Tunnel bietet auch die Möglichkeit für Außenbordaktivitäten von Shuttle-Besatzungsmitgliedern. Das druckbelüftete Modul ist lediglich 3 m lang und hat einen größten Durchmesser von 4 m. Der nutz-

Kathryn Thornton arbeitet an dem Drop Physics Module, das auf dem Flug STS-73 mit ins All genommen wurde.

bare Raum ist 28,4 Kubikmeter groß, in dem 1.360 kg an zusätzlicher Nutzlast mitgeführt werden kann. Die Inneneinrichtung ist in zwei Varianten möglich. Zunächst besteht die Möglichkeit, 71 sog. Locker, schubladenähnliche Kästen, wie sie auch im Shuttle-Middeck verwendet werden, mitzuführen. Diese Locker haben eine Nutzlastkapazität von je 27,2 kg, einen Nutzlastraum von 0,05 Kubikmeter, besitzen eine Energiekapazität von 115 Watt und werden aktiv gekühlt. In der zweiten Variante besteht die Möglichkeit in der Ausrüstung durch zwei sog. Racks, wie sie bereits aus dem Spacelab bekannt sind. Diese Schränke, die an den Seitenwänden installiert sind, entsprechen den für die Internationale Raumstation entwickelten Experimenten-Racks. Sie haben einen Nutzlastraum von 1,27 Kubikmeter und eine Energiekapazität von 1 kW. In dieser Variante ist die zusätzliche Ausrüstung mit 51 oder 61 Lockers möglich. Insgesamt stehen 3,2 kW an elektrischer Energie zur Verfügung. Viel Platz und Bewegungsfreiheit scheint allerdings nicht gegeben zu sein, obwohl es hierüber keinerlei Klagen der Astronauten gab.

Das Spacehab ist mit einer Lebenserhaltungsanlage ausgerüstet, die an das entsprechende System des Shuttle angeschlossen ist. Hinzu kommt eine Kommunikations- und Datenübertragungsanlage sowie ein Feuerdetektor und ein Druckkontrollsystem. An der rückwärtigen Wand sind zwei große Fenster angebracht, die eine Beobachtung von EVA-Astronauten oder der Hauptnutzlast gestatten. Beim Ersteinsatz konnte die europäische Forschungsplattform EURECA eingeholt werden und ein mehrstündiges EVA von zwei Astronauten ausgeführt werden, ohne daß sich das Spacehab als störend erwiesen hätte.

Die Spacehab Inc. mit Sitz in Washington berief die US-Firma McDonnell Douglas (MDD) als Hauptauftragnehmer für das Modul. Die Fertigung des Moduls erfolgte bei Alenia Spazio in Turin/Italien, wobei MDD für die primäre Struktur und die Thermalkontrolle zuständig war. Weiterhin waren Hamilton Standard und Matra ebenso am Bau beteiligt wie die deutsche MBB (heute Dasa). 1988 wurde mit der NASA ein Vertrag geschlossen, der den bevorzugten Flug im Space Shuttle sicher-

Für »kleinere Reparaturen« hat jede Raumfähre einen kleinen Werkzeugkasten an Bord.

Für eine außerordentliche Fern-Unterrichtsstunde aus dem Weltraum bindet Jeffrey Hoffman (rechts) sogar eine Krawatte um. Samuel Durrance unterstützt ihn bei den Vorführungen.

stellen sollte. Die NASA sicherte zu, daß die ersten sechs Einsätze kostenlos erfolgen könnten, was allerdings die spätere Miete an die NASA beeinflußt haben dürfte. Finanzielle Grundlage waren Absicherungen von 104 Mio. Dollar durch eine internationale Bankengruppe bei der Chemical Bank unter Beteiligung von Banken aus Japan und Frankreich.

Im September 1989 kam eine NASA-Studie zu dem Schluß, daß das zusätzliche Modul durchaus benötigt wird, und gab den Rat, es in das Shuttle-Programm aufzunehmen. Im Februar 1990 wurde das Konzept im Johnson Space Center in Houston überprüft und schließlich für akzeptabel befunden. Im November 1990 wurde mit der Spacehab Inc. ein Fünfjahresvertrag über den Einsatz des Spacehab im Shuttle geschlossen. Damit war der Weg für die ersten sechs Flüge dieses Moduls geebnet. Hinzu kam, daß die NASA die ersten beiden Einsätze sponsorte, das Modul also quasi mietete. Insgesamt wurden zwei Spacehab-Module gebaut. Das erste wurde im Januar 1992 von Alenia an McDonnell Douglas übergeben und per Schiff an die Spacehab Inc. Payload Facility innerhalb der MDD-Facility in Port Canaveral ausgeliefert. Das zweite Modul folgte im zweiten Halbjahr 1992. Im Oktober 1992 erfolgten die letzten Flugtests des Moduls, und im November wurden die ersten Experimente installiert. Am 3. Februar 1993 traf das erste Spacehab zur direkten Flugvorbereitung in Cape Canaveral ein und wurde am 9. Februar offiziell der NASA übergeben. Ende Februar erfolgte die Installation des Spacehab-01 in die Nutzlastbucht der Raumfähre Endeavour. Am 12. März waren die sog. Interface-Tests zwischen Spacehab und Shuttle abgeschlossen. Mit dem erfolgreichen Start der Endeavour (STS-57) am 21. Juni 1993 und dem zehntägigen erfolgreichen Einsatz des Zusatzmoduls begann eine neue Ära der kommerziellen Nutzung der Raumfahrt!

Kommerzielle Experimente

Innerhalb des komplett mit allen Untersystemen 4.367 kg schweren Spacehab-01 wurden insgesamt 21 Experimente bzw. Experimentgruppen ausgeführt. Die Bereiche reichten von der Materialforschung über Astrophysik bis hin zur Medizin, Biologie und Pharmazie. 13 Materialwissenschaftliche Experimente wurden von der NASA gesponsort und stammten vom Zentrum für kommerzielle Entwicklungen (12) und vom Langley Research Center (1). Fünf Experimente zur Medizin und Astrophysik kamen vom Johnson Space Center. Ein Experiment diente dem Test eines Wasseraufbereitungssystems für die damals noch geplante US-Raumstation Freedom. Ein weiteres Experiment sollte die Auswirkungen der Mikrogravitation im Spacehab erkunden, und wieder ein anderes umfaßte verschiedene Einzelexperimente der Bereiche Biologie, Medizin und Pharmazie. Die Arbeiten wurden zur vollen Zufriedenheit der Experimentatoren durchgeführt.

Das Interesse an derartigen Experimenten war schon vor dem ersten Flug recht groß. So hatte die in Deutschland beheimatete europäische Firmengruppe Intospace, die für Europa die Alleinvertretung der Spacehab Inc.-Interessen inne hat, 25 Experimente gebucht. Darunter waren auch die Gerätekomplexe APCF zur Proteinkristallzüchtung und AGHF als Gradientenheizung zu Materialforschungszwecken, die modifizierten Spacelab-Geräten entsprechen. Japan hatte die halbe Kapazität eines Spacehab gebucht, die Regierung Kanadas gehörte ebenso zu den Kunden wie das Virginia Center für innovative Technologie. Spaceport Florida hat zur Förderung der Raumfahrtindustrie im Staat Florida ebenfalls Nutzlastraum gebucht, während die Firma 3M das Programm durch Lieferung von Hardware und Vermarktung von Ergebnissen unterstützt. Die kommerzielle Nutzung mit einem Standardvolumen von 34 Lockern an Bord ist für 43,5 Mio. Dollar zu haben. Positiv ist dabei zu vermerken, daß eine Buchung kurzfristig möglich ist und langwierige Vorbereitungen wie bei einer Spacelab-Mission nicht erforderlich sind.

Ein Foto von besonderer Seltenheit. Kosmonauten in einer Sojus-Kapsel nahmen die Atlantis auf, wie sie von der Raumstation Mir abkoppelte.

Durchbruch im Shuttle/Mir-Programm

Trotzdem kam es nicht zu dem erhofften Erfolg. Die zunächst angesetzten acht Einsätze des Spacehab wurden auf vier reduziert. Der große Durchbruch gelang Spacehab nicht so sehr auf dem kommerziellen Experimentenmarkt, sondern vielmehr im Shuttle/Mir-Programm, wo es das komplexere Spacelab als Forschungslabor für die Langzeit-Astronauten wie auch als Stauraum für Versorgungsgüter der russischen Raumstation verdrängte. Auch in der Anfangsphase des Aufbaus der Internationalen Raumstation ISS wird das Spacehab als sog. Double Cargo Module eine wesentliche Rolle spielen.

Forschungsergebnisse wurden allerdings nicht nur mit Spacelab und Spacehab im Shuttle-Programm erhalten. Viele Experimente wurden im Middeck des Shuttles in der Crewkabine mitgeführt. Zudem gab es auch andere wissenschaftliche Nutzlasten in der Ladebucht, z.B. astronomische Teleskope im sichtbaren und Infrarotbereich sowie Satelliten, die nach dem Erreichen des Erdorbits ausgesetzt, für die Dauer der Mission in der Nähe des Shuttle ein autonomes Programm absolvierten und am Ende wieder eingefangen wurden. Diese Satelliten sind für besonders empfindliche Experimente konzipiert, denn die ständigen Düsenzündungen zur Lagekorrektur oder Stabilisierung des Shuttle, ja sogar die Bewegung der Besatzungsmitglieder innerhalb des Shuttle stören die Schwerelosigkeit.

Das Spacelab in Zahlen

Druckmodul

Aufbau: Zwei zylindrische Segmente von je 2,7 m Länge und 4 m Durchmesser
Gesamtlänge: 7 m (bis zu den Endflanschen)
Anzahl Racks: 12 (langes Druckmodul)
Gesamtmasse: 14,5 t bei voller Ausstattung

Racks

Breite: 56 cm (Doppelrack 105 cm)
Tiefe: 76 cm
Aufnahmekapazität: 290 kg (Doppelrack: 580 kg)

Außenbordpaletten

Form: U-Förmig (dem Laderaum des Shuttle angepaßt)
Breite: 4,1 m
Länge: 2,9 m
Max. Tragfähigkeit: 3.000 kg

Iglu

Durchmesser: 1,1 m
Masse: 640 kg

Übersicht aller Spacelab-Missionen von 1983 bis 1999

Nr.	Flug	Orbiter	Mission	Einheit	Start	Dauer	Bemerkung
1	STS-9	Columbia	SL-1	LM1+1PAL	28.11.83	10 d	erste SL-Mission; erster Ausländer im Shuttle-Programm
2	STS-51B	Challenger	SL-3	LM1+MPESS	29.04.85	7 d	Material-/Lebenswissenschaften
3	STS-51F	Challenger	SL-2	IG+3PAL	29.07.85	8 d	erste Nur-Paletten-Konfiguration; Astronomie
4	STS-61A	Challenger	SL D-1	LM2+USS	30.10.85	7 d	erste deutsche SL-Mission
5	STS-35	Columbia	ASTRO-1	IG+2PAL	02.12.90	9 d	Astronomie
6	STS-40	Columbia	SLS-1	LM1	05.06.91	9 d	Lebenswissenschaften
7	STS-42	Discovery	IML-1	LM2	22.01.92	8 d	Material-/Lebenswissenschaften
8	STS-45	Atlantis	ATLAS-1	IG+2PAL	24.03.92	9 d	Mission to Planet Earth
9	STS-50	Columbia	USML-1	LM1+EDO	25.06.92	14 d	Materialwissenschaften (USA)
10	STS-47	Endeavour	SL-J	LM2	12.09.92	7 d	japanische SL-Mission
11	STS-56	Discovery	ATLAS-2	IG+1PAL	08.04.93	9 d	Mission to Planet Earth
12	STS-55	Columbia	SL D-2	LM1+USS	26.04.93	10 d	zweite deutsche SL-Mission
13	STS-58	Columbia	SLS-2	LM2+EDO	18.10.93	14 d	Lebenswissenschaften
14	STS-59	Endeavour	SRL-1	PAL+MPESS	09.04.94	11 d	Mission to Planet Earth
15	STS-65	Columbia	IML-2	LM1+EDO	08.07.94	15 d	Material-/Lebenswissenschaften
16	STS-68	Endeavour	SRL-2	PAL+MPESS	30.09.94	11 d	Mission to Planet Earth
17	STS-66	Atlantis	ATLAS-3	IG+1PAL	03.11.94	11 d	Mission to Planet Earth
18	STS-67	Endeavour	ASTRO-2	IG+2PAL+EDO	02.03.95	17 d	Astronomie
19	STS-71	Atlantis	SL-M	LM2	27.06.95	10 d	Lebenswissenschaften; erstes Mir-Docking
20	STS-73	Columbia	USML-2	LM1+EDO	20.10.95	16 d	Materialwissenschaften (USA)
21	STS-78	Columbia	LMS	LM2+EDO	20.06.96	17 d	Lebens-/Materialwissenschaften
22	STS-83	Columbia	MSL-1	LM1+EDO	27.03.97	4 d	Materialwissenschaften
23	STS-94	Columbia	MSL-1R	LM1+EDO	01.07.97	16 d	Wiederholung von MSL-1
24	STS-90	Columbia	Neurolab	LM2+EDO	19.03.98	16 d	Lebenswissenschaften; letzte SL-Mission mit Druckmodul
25	STS-99	Endeavour	SRTM	PAL+MPESS	16.09.99	11 d	letzter SL-Flug

MAXIMUM
CAPACITY
8 PERSONS
OR2000 LB

Kapitel 9

Steffen Kaduk

Germany in Space

Germany in Space

Deutsche Astronauten an Bord des Space Shuttle

Als die Bundesrepublik Deutschland die Folgen des Zweiten Weltkrieges überwunden hatte und wieder ein vollwertiges Mitglied der Völkergemeinschaft geworden war, konnten neben der Wirtschaft auch Forschung und Wissenschaft neu erblühen. So war es kein Wunder, daß Deutschland 1964 zu den Gründungsmitgliedern der beiden europäischen Raumfahrt- und Raumforschungsorganisationen ELDO und ESRO gehörte. Fortan konnten sich deutsche Wissenschaftler und Techniker wieder offiziell auf einem Gebiet engagieren, das im Dritten Reich zum Zwecke des militärischen Terrors mißbraucht worden war (Stichwort V2). Nach der Pleite mit der Europa-Rakete und dem Zusammenschluß der beiden genannten Organisationen zur Weltraumagentur ESA (European Space Agency) im Jahre 1975 verstärkte sich dieses Engagement noch. So war Deutschland maßgeblich an Bau und Entwicklung der Trägeraketen-Familie Ariane beteiligt, erwarb wertvolle Erfahrungen beim Bau von

Rechts: Hans Schlegel bei der Durchführung von medizinischen Untersuchungen.

Ulf Merbold während seines ersten Raumfluges 1983 an Bord des Raumlabors Spacelab.

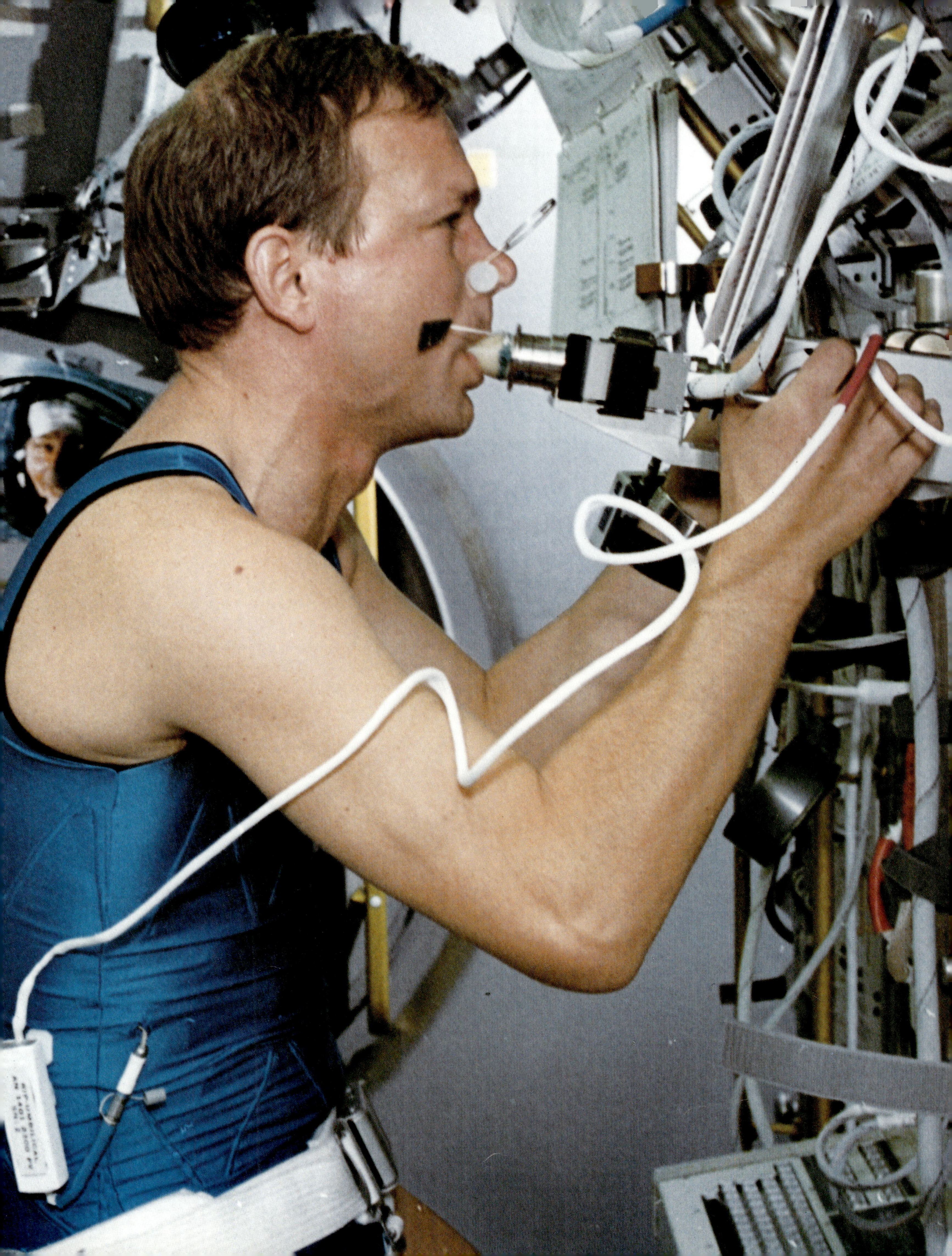

Reinhard Furrer war einer der beiden deutschen Teilnehmer der D-1-Mission. Am 9. September 1995 ist er mit einem Flugzeug abgestürzt und tödlich verunglückt.

Satelliten für unterschiedliche Zwecke und beteiligte sich an fast allen wissenschaftlichen Programmen der ESA zur Erforschung von Erde, Mond, Planeten und anderen Himmelsobjekten.

Der Zugang zur bemannten Raumfahrt blieb Deutschland dagegen lange versperrt, denn eigene Programme der ESA auf diesem Gebiet existierten nicht, an einer Zusammenarbeit mit der Sowjetunion war aus politischen Gründen nicht zu denken, und die USA wickelten ihre Programme ausschließlich auf nationaler Ebene ab. Das änderte sich erst mit der Einführung des Space Shuttle. Die Entwicklung dieses wiederverwendbaren Raumfahrzeuges war so teuer, daß den USA eine internationale Beteiligung ihrer engsten politischen Verbündeten nur recht sein konnte. Auf der anderen Seite hatte das Shuttle genügend Kapazitäten, um vielen Staaten und Organisationen – zum Teil als Gegenleistung für übernommene Entwicklungskosten – einen Einstieg in die bemannte Raumfahrt zu ermöglichen. Im Fall von Deutschland bestand die Beteiligung am Shuttle-Programm zunächst in Entwicklung und Bau des druckbelüfteten Labormoduls Spacelab, das im Frachtraum mitgeführt wurde und zahlreiche Standardschränke mit wissenschaftlichen Experimenten aufnehmen konnte.

Zwar war das Ganze ein Projekt der ESRO bzw. später der ESA, doch hatte Deutschland einen Löwenanteil der Arbeiten übernommen und die technische und technologische Federführung inne. Als das Spacelab bei STS-9 an Bord der Columbia seinen Jungfernflug absolvieren sollte, plante die NASA erstmals den Einsatz zweier Nutzlastspezialisten ein, die nicht aus ihrem Astronautenkorps stammen sollten. Neben dem Amerikaner Byron Lichtenberg vom Massachusetts Institute of Technology wurde dafür der Deutsche Ulf Merbold ausgewählt, der sich schon 1977 bei der ESA als Wissenschaftsastronaut für das Spacelab-Programm beworben hatte. Mit dieser Geste honorierte die NASA den Beitrag Deutschlands und der ESA zu ihrem Shuttle-Programm. Die Mission STS-9 fand nach einigen Startverschiebungen im November/Dezember 1983 statt und wurde ein voller Erfolg. Das Spacelab-Druckmodul bewährte sich hervorragend und erfüllte alle Erwartungen der internationalen Wissenschaftlergemeinde. Ulf Merbold, der zum ersten Ausländer an Bord eines amerikanischen Raumschiffes überhaupt wurde, betreute während des rund zehntägigen Fluges zahlreiche der 72 mitgeführten Experimente und nahm an verschiedenen Tests der technischen Untersysteme des Spacelab teil.

Die nationalen D-Missionen

Vom Spacelab hatte die NASA gleich zwei flugfähige Labormodule bestellt und eine Vielzahl wissenschaftlicher Missionen geplant. Vorgesehen waren nationale Programme der USA selbst, internationale Missionen mit breiter Beteiligung vieler Staaten und nicht zuletzt auch Einsätze unter Leitung anderer Länder oder Raumfahrtbehörden. Als erster Staat der Welt machte die Bundesrepublik Deutschland von diesem Angebot der NASA Gebrauch und legte eine Serie nationaler Spacelab-Missionen auf, die unter der Bezeichnung D-1, D-2, D-3 und D-4 laufen sollten. Das war eine gewaltige wissenschaftliche und organisatorische Herausforderung, die Deutschland bei Erfolg endgültig in den Kreis der Raumfahrt- und Hochtechnologie-Länder katapultieren würde. Neben der Bereitstellung anspruchsvoller, flugqualifizierter Experimentiereinrichtungen und der dazugehörigen Einzelexperimente mußte in Deutschland ein nationales Bodenkontrollzentrum geschaffen werden, denn die gesamte Überwachung der Missionen sollte dem jeweiligen Ausrichterland obliegen. Lediglich der Betrieb und die Flugführung des Shuttle-Orbiters selbst würde weiter vom texanischen Houston aus erfolgen. Ein solches Kontrollzentrum wurde schließlich im bayerischen Oberpfaffenhofen auf dem Gelände der DFVLR (heute DLR - Deutsches Zentrum für Luft- und Raumfahrt) gebaut und erhielt die Bezeichnung German Space Operations Center. Es war das erste Mal in der Geschichte der Raumfahrt, daß ein Kontrollzentrum außerhalb der USA oder der Sowjetunion die (zumindest wissenschaftliche) Leitung eines bemannten Raumfluges übernehmen würde.

D-1

Am 30. Oktober 1985 war es schließlich soweit: Pünktlich auf die Sekunde um 12.00 Uhr Ortszeit hob in Cape Canaveral die Raumfähre Challenger ab und brachte neben dem Spacelab-Druckmodul eine achtköpfige Besatzung in den Weltraum. Auch das war ein neuer Rekord in der bemannten Raumfahrt. Zur Crew gehörten neben fünf Astronauten der NASA die beiden Deutschen Reinhard Furrer und Ernst Messerschmid, die als Nutzlastspezialisten für die damalige Deutsche Forschungs- und Versuchsanstalt für Luft- und Raumfahrt (DFVLR) zum Einsatz kamen. Des weiteren nahm der Niederländer Wubbo Ockels an dieser Mission teil, der als Astronaut der ESA der Reservekandidat für Ulf Merbold bei Spacelab-1 gewesen war. Nach der Ankunft im erdnahen Orbit wurde über einen Zeitraum von sieben Tagen das wissenschaftliche Programm mit großer Professionalität abgewickelt. Fast alle technischen Probleme konnten gelöst werden, so daß Spacelab D-1 zu einem vollem Erfolg wurde. Da die Astronauten in zwei Schichten rund um die Uhr arbeiteten und das Niveau aller Experimente sehr hoch war, konnte später eingeschätzt werden, daß Spacelab D-1 der bis dahin anspruchsvollste und ergiebigste wissenschaftliche Raumflug aller Zeiten gewesen war.

Große Betriebsamkeit im Spacelab während der D-2-Mission: Jerry Ross, Ulrich Walter, Bernard Harris und Hans Schlegel (von links) bei ihren Tätigkeiten.

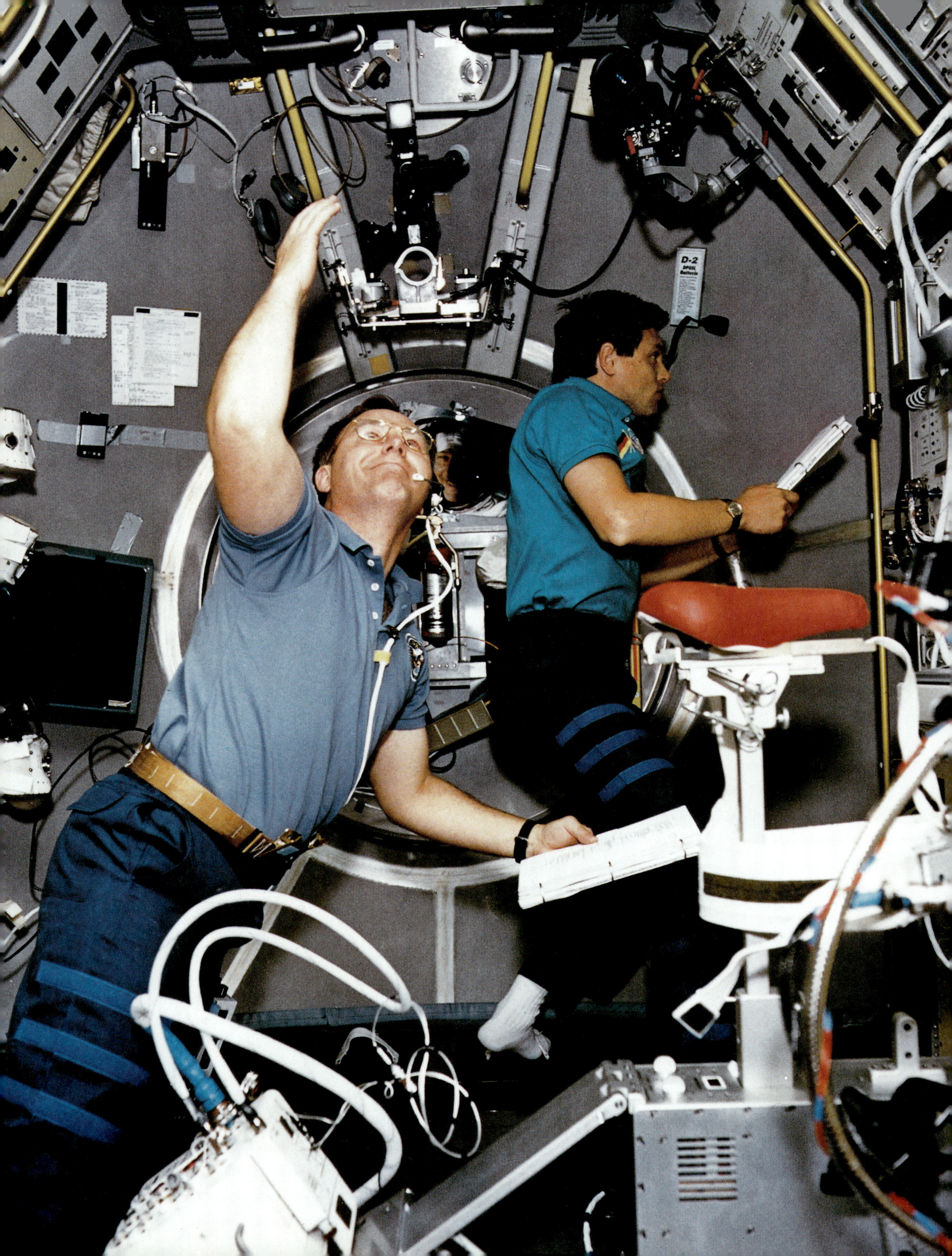
D-2

Deutsch-amerikanische Freundschaft: Vor dem Hintergrund der Staatenflaggen entsteht ein gemeinsames Erinnerungsfoto. Von links: Jerry Ross, Bernard Harris, Ulrich Walter, Hans Schlegel.

Unter diesen Umständen war die deutsche Wissenschaftlergemeinde natürlich an einer reibungslosen und kontinuierlichen Fortsetzung des nationalen Spacelab-Programms interessiert. Zwei Ereignisse sollten aber dazu führen, daß das nur ein schöner Traum blieb. Zunächst kam die Challenger-Katastrophe, der eine fast dreijährige Flugpause im Shuttle-Programm folgte. Dementsprechend verschoben sich auch alle geplanten Missionen, und zudem erfolgte seitens der NASA eine Festlegung neuer Prioritäten. Spacelab D-2, wofür bereits immense Vorarbeit geleistet worden war, erhielt schließlich eine Fluggelegenheit im Jahr 1993. In der Zwischenzeit hatte es aber den Zusammenbruch des Kommunismus in Europa und die deutsche Wiedervereinigung gegeben. Die nationalen und geopolitischen Voraussetzungen für die bemannte Raumfahrt waren nun ganz andere. Zum einen fehlte das Geld in den Kassen des Bundes, zum anderen war jetzt eine recht kostengünstige Teilnahme an der bemannten Raumfahrt Rußlands möglich. So kam es, daß Spacelab D-3 und D-4 ersatzlos gestrichen wurden.

Links: Jerry Ross und Ulrich Walter im Spacelab.

D-2

Spacelab D-2 fand mit dem Shuttle-Flug STS-55 im April/Mai 1993 statt. Nach einem spektakulären Startabbruch nach Zündung der Haupttriebwerke der Columbia am 22. März klappte am 26. April alles perfekt. Die Columbia hob pünktlich und ohne technische Probleme vom Startkomplex 39A ab und erreichte wenig später eine Kreisbahn in rund 300 km Höhe. Im Verlauf der nächsten zehn Tage wurden – erneut im Schichtbetrieb rund um die Uhr – im Spacelab-Modul 88 Einzelexperimente durchgeführt, viele davon mit mehreren Durchläufen. Verantwortlich dafür waren neben den beiden

NASA
NASA

amerikanischen Missionsspezialisten Jerry Ross und Bernard Harris die deutschen Nutzlastspezialisten Ulrich Walter und Hans Schlegel. Dank bester Vorbereitung von Astronauten und Technik sowie unter der gewohnt professionellen Leitung durch das deutsche Kontrollzentrum in Oberpfaffenhofen wurde auch Spacelab D-2 zu einem grandiosen wissenschaftlichen Erfolg. So konnten von den 88 Einzelexperimenten 86 mit einer Erfolgsrate von 100 % und mehr abgeschlossen werden. Lediglich zwei Experimente hatten mit Problemen zu kämpfen, die eine Erfolgsrate von nur 50 % zuließen.

Europäisierung und Internationalisierung

Schließlich erfolgten noch eine Serie internationaler Spacelab-Missionen mit deutscher Beteiligung unter Führung der USA. Diese IML-Flüge (International Microgravity Laboratory) fanden 1992 und 1994 statt und wiesen jedesmal auch eine starke internationale Beteiligung bei der Besatzung auf. An ihnen nahmen als Nutzlastspezialisten Astronauten aus Kanada, Japan und von der ESA teil. Der Kandidat der ESA, der letztendlich bei STS-42/IML-1 im Januar 1992 zum Einsatz kam, war Ulf Merbold, der damit als erster Ausländer einen zweiten Shuttle-Flug absolvieren konnte. Der achttägige Weltraumflug der Discovery mit dem Spacelab-Druckmodul an Bord fand international große Beachtung und galt als eine der ersten Generalproben für die spätere Zusammenarbeit verschiedener Nationen an Bord einer größeren Raumstation.

Nach dem erfolgreichen Abschluß von Spacelab D-2 wurde es relativ ruhig um die deutsche bemannte Raumfahrt. Für nationale Missionen außerhalb der Strukturen der ESA fehlte ganz einfach das Geld. Neuen Aufschwung gab es erst wieder im August 1998, als sämtliche nationalen Astronautenkorps der ESA-Mitgliedsstaaten zu einem einzigen europäischen Team verschmolzen. Die bemannte Raumfahrt befindet sich damit Ende der 90er Jahre in einem Umbruchsprozeß, der schon bald zu einer weitgehenden Internationalisierung führen wird. Das Shuttle-Programm der USA, das Programm einer permanent bemannten großen Raumstation Rußlands und die darauf basierenden nationalen Programme Kanadas, Japans und nicht zuletzt der ESA werden noch vor der Jahrtausendwende zur Internationalen Raumstation ISS verschmelzen.

Diese modular aufgebaute Station wird aus Modulen und Komponenten aller oben genannten Nationen und Organisationen bestehen. An Bord werden anteilmäßig Astronauten arbeiten, die aus allen beteiligten Ländern kommen. Sie werden schon heute in Rußland und in den USA ausgebildet. In ihre 16. Astronautengruppe hat die NASA zwei Japaner, zwei Kanadier, einen Franzosen, einen Spanier, einen Schweden, einen Italiener und schließlich auch einen Deutschen aufgenommen. Es ist Gerhard Thiele, der bereits bei Spacelab D-2 als Ersatzkandidat für Walter und Schlegel fungierte und jetzt zum ersten deutschen Missionsspezialisten ausgebildet wurde. Er und seine Kollegen (zur jüngsten Astronautengruppe ist inzwischen auch Hans Schlegel gestoßen) werden damit – im Gegensatz zu ihren früheren Einsätzen als Nutzlastspezialisten – nach genau denselben Grundsätzen ausgebildet wie die zukünftigen amerikanischen Astronauten. Schwerpunkt ist die wissenschaftliche Arbeit auf der Internationalen Raumstation ISS sowie der sichere Betrieb ihrer technischen Untersysteme. Bevor jedoch die Arbeit der deutschen Astronauten an Bord der ISS beginnt, hat Gerhard Thiele bereits eine Flugnominierung außerhalb des Raumstationsprogramms erhalten. Im September 1999 wird er an der topographischen, radargestützten Erdvermessungsmission SRTM (STS-99), an der Deutschland in Form eines Radar-Instruments eine eigene Flug-Hardware-Beteiligung hat, teilnehmen. Deutschlands Rückkehr in den Weltraum steht also unmittelbar bevor…

Links: Renate Brümmer, Gerhard Thiele, Ulrich Walter und Hans Schlegel (von links) während der Ausbildung zur Raumflugmission STS-55/D-2. Walter und Schlegel traten schließlich den Flug an, während die anderen beiden als Ersatzleute fungierten. Gerhard Thiele wird 1999 ebenfalls zu einem Raumflug aufbrechen.

Kapitel 10

Ralf Hupertz

Kopplung im All

Shuttle/Mir
Kopplung im All

Mit dem Ende der kommunistischen Herrschaft in den meisten Staaten Osteuropas und dem Zerfall der Sowjetunion war der Kalte Krieg, die permanente Konfrontation zwischen Ost und West, vorüber. Von heute auf morgen eröffneten sich auf allen Gebieten des Lebens völlig neue Möglichkeiten der Zusammenarbeit. Das betraf natürlich auch die Raumfahrt, insbesondere die bemannte, in der die ehemalige Sowjetunion bekanntlich ein beachtliches Potential aufzuweisen hat. Zunächst weitgehend unbeachtet von der Öffentlichkeit kam es zu ersten Gesprächen und Verhandlungen zwischen der NASA und der neu gegründeten russischen Raumfahrtagentur RKA. Hinzu kamen Kontakte auf hoher Regierungsebene.

Erste konkrete Vereinbarungen wurden im Sommer 1992 getroffen. Um die bemannten Raumfahrtprogramme der USA und Rußlands langfristig zusammenzuführen, wurde entschieden, den Shuttle-Orbiter Atlantis nach seiner Mission STS-46 im August 1992 beim Hersteller Rockwell International (heute Boeing) in Palmdale so

Rechts: Blick von Bord der Raumfähre Atlantis beim Anlegen an die Raumstation Mir.

US-Langzeitastronaut Jerry Linenger beim Anlegen seines russischen Raumanzugs.

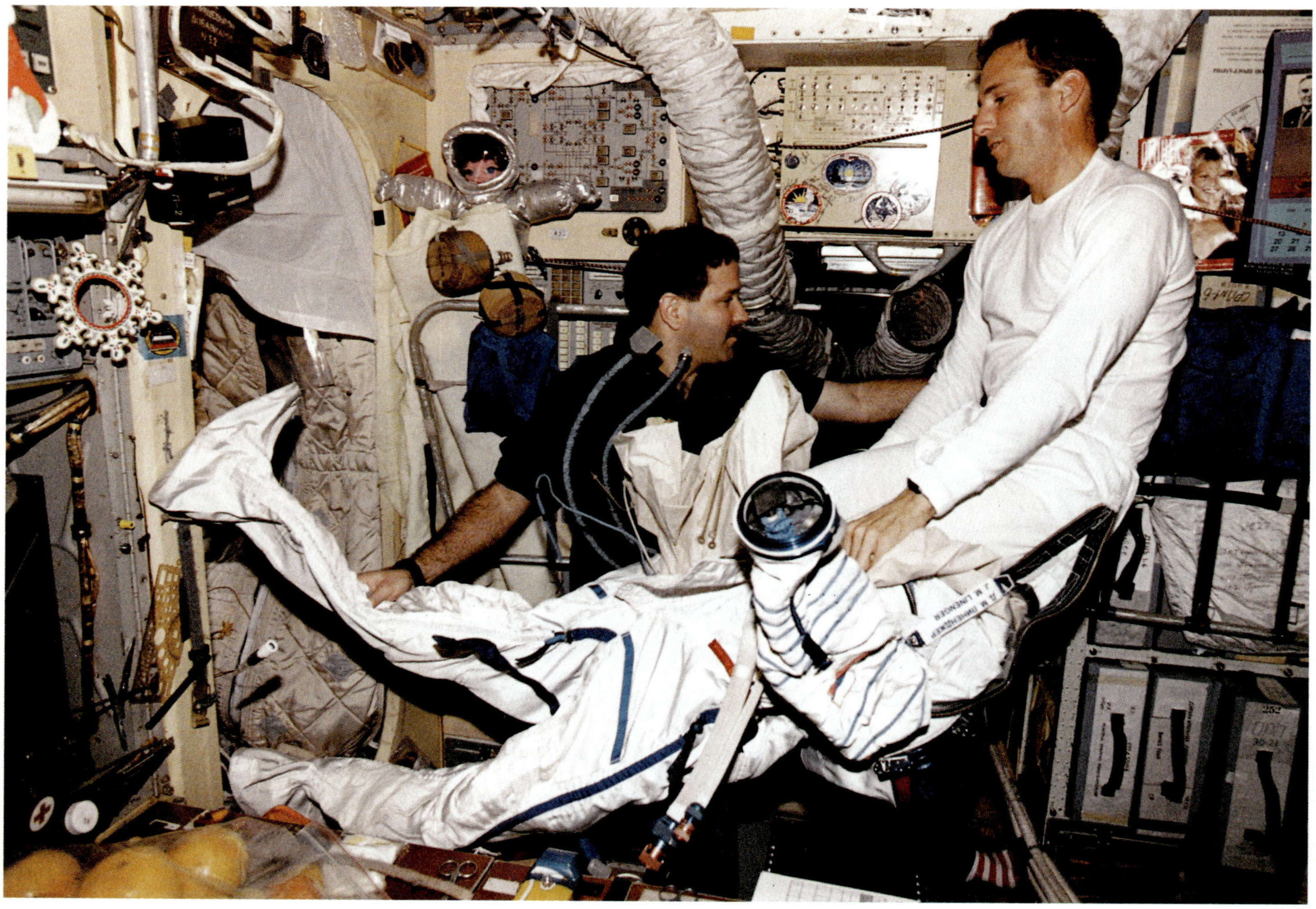

umzurüsten, daß er länger im All bleiben und vor allem ein Kopplungssystem aufnehmen kann, mit dem ein Andocken an die russische Raumstation Mir möglich ist. Das war eine sehr langwierige Sache, die erst im Herbst 1994 abgeschlossen wurde. Um die Zusammenarbeit in der bemannten Raumfahrt zusätzlich zu forcieren, vereinbarten beide Seiten bereits im Herbst 1992 den Mitflug eines Kosmonauten bei einem Shuttle-Flug sowie den Langzeitaufenthalt eines Astronauten in der Raum-

Die Nutzung der russischen Raumstation Mir ist seit Jahren auch fester Programmpunkt für die US-Raumfahrt. Speziell dafür wurde ein eigener Kopplungsadapter entwickelt, an dem die Raumfähren anlegen können (unten, gelblich).

Rechts: Jerry Linenger war mehrere Monate an Bord des Orbitalkomplexes Mir.

J.M. LINENGER

station Mir. Einen Monat später nahmen die beiden russischen Kandidaten, Sergej Krikaljow und Wladimir Titow, das Training im Johnson Space Center (JSC) in Houston auf. Krikaljow bekam im April 1993 schließlich den Zuschlag als Mitglied der Flugmannschaft für STS-60. Titow mußte mit der unliebsamen Position des Backup-Missionsspezialisten vorlieb nehmen. Aber auch er erhielt schon bald darauf eine Fluggelegenheit, als im September 1993 die Besatzung für STS-63 offiziell bekanntgegeben wurde. Zu diesem Zeitpunkt war diese Mission noch ein ganz normaler Shuttle-Flug mit den Nutzlasten Spacehab und SPARTAN. Erst durch die Zusatzvereinbarungen von NASA und RKA vom Dezember 1993 wurde STS-63 zur Mir-Rendezvousmission.
Mit diesen vertraglichen Vereinbarungen begründeten NASA und RKA auch ihre Zusammenarbeit auf dem Raumstationssektor. Nachdem die Space Station Freedom im Verlauf des Jahres 1993 ihr letztes Redesign über sich hatte ergehen lassen müssen, wurde Anfang 1994 endgültig der Grundstein für die International Space Station (ISS) gelegt, an der neben den ursprünglichen Partnern USA, Europa, Japan und Kanada nun auch Rußland als vollwertiges Mitglied teilnimmt. Dadurch wurden die erste amerikanisch-russische Vereinbarungen aus dem Jahr 1992 zum sog. ISS Program Implementing Agreement, und die Shuttle-Mission STS-60 bekam den Status als erster Raumflug der Phase 1 des ISS-Programms. Zu dieser Phase gehörten außerdem die Mir-Rendezvousmission STS-63, die Mission Mir-18 von Norman Thagard sowie sechs weitere Langzeit-Aufenthalte von insgesamt mehr als zwei Jahren von amerikanischen Astronauten auf der Mir-Station und insgesamt neun Mir-Docking-Flüge der Shuttle-Orbiter Atlantis, Endeavour und Discovery beginnend mit STS-71 im Juni 1995. Die Phase 2 startete im November 1998 mit dem Beginn des ISS-Aufbaus, und Phase 3 reicht dann vom ersten Nutzungsflug (Utilization Flight, UF-1) im November 2000 bis zum Aufbauende voraussichtlich Mitte 2004.

Wertvolle Erfahrungen

Damit wurde das Shuttle/Mir-Programm zu einem unschätzbaren Vorläufer der Internationalen Raumstation ISS – vergleichbar mit den ersten amerikanischen Projekten Mercury und Gemini in ihrer Bedeutung für die erste bemannte Mondlandung durch Apollo.
Am wichtigsten für die Sammlung von Erfahrungen im Weltraum ist die Aufenthaltszeit in der Erdumlaufbahn. Von März 1996 bis Juni 1998 verbrachten sechs amerikanische Astronauten nacheinander insgesamt über 800 Tage ununterbrochen im Orbit. Die Space Shuttle-Flotte benötigte im Gegensatz dazu über ein Dutzend Jahre und 60 Flüge, um überhaupt ein Jahr an Flugzeit im Orbit anzusammeln. Für weniger als zwei Prozent der Gesamtkosten des ISS-Programms brachte das Shuttle/Mir-Programm der NASA Wissen und Erfahrungen, die anderweitig nicht hätten erreicht werden können. Das beinhaltete internationale Aktivitäten beim Besatzungstraining, den Betrieb eines internationalen Raumfahrtprogramms und die Herausforderungen von Langzeitraumflügen sowohl für die Astronauten selbst als auch für die Kontrolleure am Boden. Außerdem hat die Behandlung von Echtzeit-Problemen zu einer Art von Kooperation und Vertrauen zwischen den USA und Rußland geführt, die zuvor nicht einmal erträumt wurde. Hier zeigt sich wieder einmal mehr die geopolitische Bedeutung der bemannten Raumfahrt.
Das größte Ziel, das die NASA immer vor Augen hatte, war aber, soviel wertvolle Erfahrung beim Betrieb einer Raumstation über einen so langen Zeitraum wie möglich zu sammeln, denn die USA hatten in ihrer über 30jährigen Raumfahrtgeschichte mit Skylab in den 70er Jahren bislang nur eine Raumstation, die zudem nur dreimal mit Unterbrechungen für wenige Wochen bemannt war (der dritte und letzte Raumflug in Skylab dauerte knapp drei Monate). Die gemachten Erfahrungen im Shuttle/Mir-Programm führten dann auch zu Modifikationen und Verbesserungen im Design und Betrieb der Internationalen Raumstation:

- Nach dem Studium der Rendezvous- und Docking-Techniken mit Mir wird die NASA zusätzliche Außenbeleuchtungen an der ISS anbringen, um so die Sternsensoren des Space Shuttle für die Annäherung verwenden zu können.
- Der europäische Annäherungssensor hat sich als wertvolles Werkzeug für die Messung von Abstand, Geschwindigkeit und Annäherungsrate erwiesen.
- Die Astronauten auf der Mir-Station haben die Verläßlichkeit eines drahtlosen Kommunikationssystems demonstriert. Der Einsatz dieses Systems auf der ISS wird Millionen von Dollar sparen, weil nicht mehr so viele Datenkabel benötigt werden.

Links: Das Modul Spektr der Raumstation Mir. Durch einen fehlgeleiteten unbemannten Versorgungstransporter wurde es stark beschädigt und fast vollständig unbrauchbar. Die Solarzellen zur Stromproduktion für die übrige Raumstation konnten weiter benutzt werden.

- Die Außenbordaktivitäten (EVAs), ein wesentlicher Schlüssel zum Erfolg beim Aufbau der Internationalen Raumstation, haben das Design für tragbare Fußhalterungen und für die Ausrüstung, die für den Transfer von Austauschteilen verwendet werden soll, verifiziert. Außerdem wurden aufgrund der Mir-EVA-Erfahrungen eine Menge weiterer Verbesserungen an Hardware, Werkzeugen und Prozeduren vorgenommen.
- Ein Schranksystem, das wissenschaftliche Experimente von den Vibrationen der Raumstation trennen soll, wurde an Bord von Mir erfolgreich getestet. Dadurch können in Zukunft auf der ISS noch anspruchsvollere Mikrogravitationsversuche durchgeführt werden, die von den Störungen einer bemannten Station weitgehend entkoppelt sind.
- Die neun Mir-Docking-Flüge des Space Shuttle zwischen Juni 1995 und Juni 1998 dienten auch der Ver- und Entsorgung der russischen Raumstation. Dabei konnten die Planer der NASA mit jeder Mission den Prozeß des Transfers von Hardware und Gütern zwischen der Raumstation und dem angedockten Raumschiff verfeinern.
- Eine Untersuchung der Verunreinigung der Umgebung der Mir-Station durch das Ablassen von Brauchwasser, Resttreibstoffen und Müll führte zu einer Umkonstruktion derartiger Untersysteme der ISS, was die Verhältnisse für Erdbeobachtung und Astronomie auf der Internationalen Raumstation verbessern helfen wird.
- Teile des amerikanischen Besatzungstrainings wurden aufgrund der Mir-Erfahrungen modifiziert. So hat sich gezeigt, daß Mitglieder an Bord einer Raumstation besseres Allgemeinwissen über den Betrieb und die Wartung der Raumstation als spezielles experimentbezogenes Können (wie es z.B. für ein- bis zweiwöchige Spacelab-Missionen ganz unzweifelhaft von Vorteil ist) besitzen müssen. Hinzu kommt, daß die Zeitplanung – wie bei den Russen seit Jahren üblich – für den täglichen Versuchsbetrieb viel flexibler gestaltet werden sollte. Bis auf die letzte Minute ausgebuchte Terminpläne mögen für kurze Space Shuttle-Flüge effektiv sein, für eine Raumstation sind sie eher hinderlich.

Zur Fracht der regelmäßigen Versorgungsflüge mit dem Space Shuttle zur Raumstation Mir zählten auch frische Zitrusfrüchte.

Astronauten der Shuttle-Mission STS-74 blicken aus dem Oberdeck der Atlantis auf die Raumstation Mir.

Der menschliche Faktor

Die Internationale Raumstation wird eines Tages das Sprungbrett zum Aufbruch des Menschen ins Sonnensystem zurück zum Mond, weiter zum Mars und darüber hinaus werden. Dabei spielt neben dem hundertprozentigen Funktionieren der Technik über Jahre hinweg auch der Gesundheitszustand und das Verhalten des Menschen eine wichtige Rolle. Daher war ein zentrales Thema der wissenschaftlichen Arbeit an Bord der Raumstation Mir der Faktor Mensch mit all seinen Reaktionen auf die Schwerelosigkeit in der Erdumlaufbahn.
Nach dem Shuttle/Mir-Programm sind die Forscher nun in der Lage, bessere und effizientere Experimente für die ISS zu entwerfen, um noch mehr zum Verständnis der menschlichen Physiologie und Psychologie im Weltraum beizutragen. Insbesondere geht es dabei um Veränderungen in den Knochen und Muskeln sowie im Herz/Kreislauf- und im Neurovestibularsystem, aber auch in der Zusammenarbeit zwischen den Astronauten und den Bodenteams.

Gut gerüstet ins 21. Jahrhundert

So hat das Shuttle/Mir-Programm innerhalb von sechs Jahren aus Gegnern Freunde gemacht, die erkannt haben, daß man gemeinsam zusammenarbeiten muß, um die Aufgaben der Zukunft bewältigen zu können. Viele anstehende Fragen konnten dabei beantwortet werden, viele andere wurden erst aufgeworfen. Die heutigen Partner gehen aber gut gerüstet in das 21. Jahrhundert. Die Zeichen für ein gemeinsames bemanntes Raumfahrtprogramm praktisch der gesamten Menschheit, und damit auch für ein besseres Problemlösungsverständnis untereinander auf der Erde, standen noch nie so gut wie heute – und das Shuttle/Mir-Programm war der Schmelztiegel, in dem die über ein Vierteljahrhundert lang getrennt gemachten Erfahrungen miteinander verschmolzen, um die Voraussetzungen dafür zu schaffen.

Kapitel 11

Steffen Kaduk

Die Challenger-Katastrophe

Die Challenger-Katastrophe vom 28. Januar 1986

Im Verlauf des Jahres 1985 schien langsam aber sicher Routine in das vier Jahre zuvor begonnene Shuttle-Programm zu kommen. Obwohl technische Probleme mit einzelnen Systemen der Raumfähren nach wie vor für Startverschiebungen und ein gewisses Durcheinander im Flugplan sorgten, gelang es der NASA, 1985 neun Shuttle-Missionen erfolgreich abzuwickeln, bei denen 58 Menschen in den Weltraum gelangten. Allein diese Zahl war eine Sensation und ließ die Hoffnung aufkommen, daß der Zugang zum erdnahen Weltraum genauso Routine werden könnte wie der Flug im Jumbo Jet über den Atlantik. Diese Hoffnung starb – zumindest für unser zu Ende gehendes Jahrtausend – am Vormittag des 28. Januar 1986. An diesem Tag startete die im Sommer 1982 als zweiter Orbiter in Dienst gestellte Challenger zu ihrem mittlerweile zehnten Raumflug. Zur Besatzung gehörten die weltraumerfahrenen Astronauten Francis Scobee (46 Jahre), Ellison Onizuka (39), Judith Resnik (36) und Ronald McNair (35), die alle bereits einen Shuttle-Flug absolviert hatten. Hinzu kam der Neuling Michael Smith (40) als Pilot sowie die beiden Nicht-Astronauten Christa McAuliffe (37) und Gregory Jarvis (41). Jarvis war ein Mitarbeiter des Satellitenherstellers Hughes, der als Nutzlastspezialist an diesem 25. Shuttle-Flug teilnehmen sollte. Christa McAuliffe wiederum war eine ganz normale High-School-Lehrerin aus Concord, New Hampshire. Sie hatte sich für das vom damaligen US-Präsidenten Ronnald Reagan ins Leben gerufene Programm »Lehrer im Weltraum« beworben, dessen Ziel es war, Kindern und Jugendlichen in der ganzen Welt die Idee der Weltraumfahrt näherzubringen. An Bord der Challenger sollte die zierliche, schon auf den ersten Blick äußerst sympathisch wirkende Mutter von zwei kleinen Kindern zwei Unterrichtsstunden abhalten, die live in alle Schulen der USA übertragen werden sollten.

Verzögerungen

Der Start der Challenger zur Mission STS-51L, deren Hauptaufgabe der Transport eines riesigen Bahnverfolgungs- und Datenübertragungssatelliten der NASA war, sollte eigentlich am 22. Januar 1986 erfolgen, mußte aber wegen technischer Probleme – vor allem mit dem Vorgänger-Flug STS-61C – immer wieder verschoben werden. Ende Januar folgten weitere Verschiebungen, zum Teil wegen der Technik, zum Teil wegen des Wetters. Dadurch kam der gesamte Flugplan für 1986 und darü-

Challenger beim Abheben am 28. Januar 1986. Unten rechts sieht man eine braune Rauchfahne. Sie entstand durch verbrennendes Dichtungsmaterial eines brüchigen O-Rings zwischen den Segmenten der Feststoffrakete.

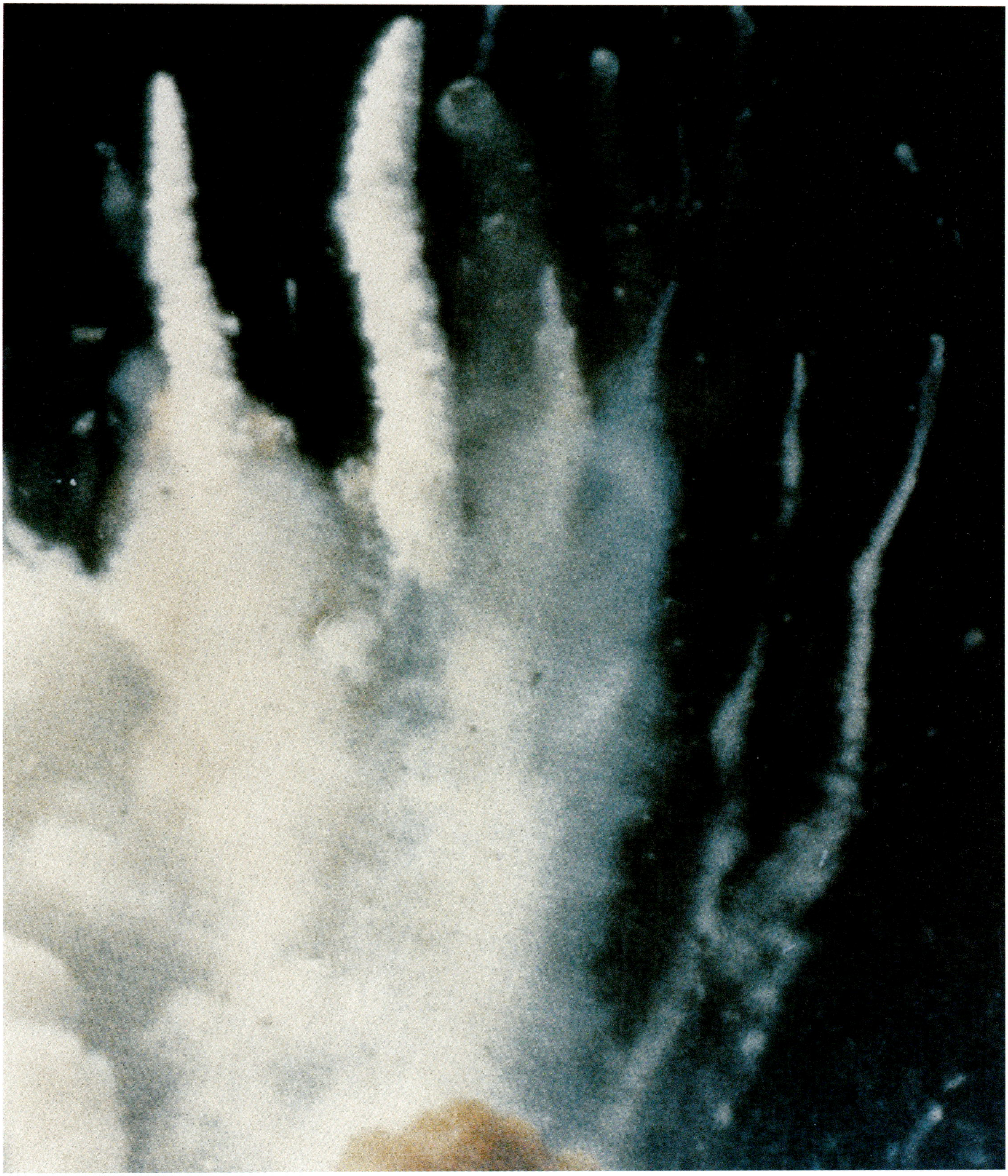

Die Explosion schleudert die Trümmerteile auseinander. Die spätere Unfalluntersuchung ergab, daß die Crew-Kabine mit der Besatzung praktisch in einem Stück weggesprengt wurde. Dabei wurde die Besatzung vermutlich durch den Druckverlust zunächst nur bewußtlos und kam erst ums Leben, als die Kabine auf der Meeresoberfläche aufschlug.

ber hinaus ins Wanken, weil mehrere Missionen zum Transport von Planetensonden an enge Startfenster gebunden waren. Ein Startversuch am 27. Januar mußte zum Beispiel abgebrochen werden, weil es Probleme mit der Einstiegsluke in die Besatzungskabine der Challenger gab.

Ein Traum wird zerstört

Am 28. Januar traten dann Schwierigkeiten auf, die ganz anderer Natur waren. In der Nacht war eine Kaltfront über Cape Canaveral hinweggezogen und hatte für den Sonnenstaat Florida ungewöhnliche tiefe Temperaturen mit sich gebracht. Das führte zu gefährlicher Eisbildung an den Strukturen des Startkomplexes 39B, auf dem die Challenger seit Wochen stand. Die Verantwortlichen bei der NASA entschieden, das Aufsteigen der Sonne abzuwarten und hielten den Countdown für längere Zeit an. Schließlich startete die Challenger um 11.38 Uhr Ortszeit mit genau zwei Stunden Verspätung. Der Start der Challenger, der wegen der Lehrerin Christa McAuliffe von besonders vielen Kindern live und im Fernsehen verfolgt wurde, verlief zunächst völlig planmäßig. Die Challenger führte das sogenannte Rollmanöver durch, das sie in die richtige Lage für den weiteren Aufstieg brachte. Vollautomatisch wurde dann der Schub der drei Haupttriebwerke reduziert, um die aerodynamische Belastung des Space Shuttle in den dichteren Schichten der Erdatmosphäre in Grenzen zu halten. Gut eine Minute nach dem Abheben erhielt die Crew aus Houston das »Go at throttle up«, was besagte, daß aus Sicht der Bodenkontrolle zu diesem Zeitpunkt alles in Ordnung war. Die Bordcomputer der Challenger regelten den Schub der Haupttriebwerke wieder auf ihren Normalwert hoch. Zehn Sekunden später hörte der Stolz der amerikanischen Raumfahrtbehörde urplötzlich und ohne jede Vorwarnung auf zu existieren. Am strahlend blauen Himmel über Florida, in mehr als zehn Kilometern Höhe, bildete sich eine gigantische Wolke aus weißen Explosionsgasen, aus der – ebenso weiße Rauchspuren hinter sich her ziehend – die beiden Feststoffraketen herausschossen. Die Challenger war explodiert und hatte ihre sieben Besatzungsmitglieder in den Tod gerissen. Die größte Katastrophe in der Geschichte der bemannten Raumfahrt hatte den Traum vom routinemäßigen Zugang der Menschen in den erdnahen Weltraum zerstört.

Links: Nach der Explosion der Challenger und des Außentanks fliegen die beiden Feststoffraketen weiter. Da sie mit festem Treibstoff – ähnlich wie Feuerwerksraketen – fliegen, lassen sie sich nicht abstellen. Die Raketen wurden später durch einen Funkbefehl von der Bodenstation aus gesprengt.

Die vordergründige Unglücksursache

In den kommenden Tagen und Wochen beherrschten Schock, Trauer um die Astronauten und Entsetzen die USA. Zunächst war völlig rätselhaft, was eine derartige Katastrophe ausgelöst haben könnte. Das Space Shuttle galt als robust, sicher, vielfach erprobt und technisch ausgereift, die NASA als kompetent, übergründlich und fast unfehlbar. Praktisch noch am Tag der Katastrophe begann die Ursachenforschung, die zuerst von der NASA selbst und später von einer von Präsident Reagan eingesetzten Sonderkommission geleitet wurde. Neben der Auswertung von Telemetriedaten, Foto- und Filmmaterial stand die Untersuchung der Wrackteile der Challenger im Mittelpunkt der Arbeit dieser nach ihrem Vorsitzenden William Rogers benannten Kommission. Die Trümmer waren in den Atlantik vor der Küste Floridas gestürzt und wurden im Verlauf der wohl aufwendigsten Such- und Bergungsaktion in der Geschichte der USA sichergestellt.

Schneller als erwartet kam man der Ursache für die Katastrophe auf die Spur. Bereits Sekundenbruchteile nach dem Zünden der beiden Feststoffraketen konnte an einer der unteren Segmentverbindungen der rechten Rakete eine kleine graue Rauchwolke beobachtet werden, die auf ein Versagen der Dichtungen an dieser Verbindungsstelle hinwies. Ab etwa 60 Sekunden nach dem Start war auf allen Fotos an der rechten Feststoffrakete ein deutlich sichtbarer Flammenschein zu erkennen, der von der oben erwähnten Segmentverbindung ausging. Auch alle anderen Daten und die geborgenen Wrackteile dieser Rakete bewiesen, daß der rechte Booster offensichtlich undicht geworden war. Die zum Schluß meterlange und bis zu 3.000 Grad Celsius heiße Flamme war unglücklicherweise genau gegen die Wandung des Außentanks gerichtet und schweißte diesen regelrecht auf. Dadurch kam es schließlich zu einer Explosion des im Tank befindlichen Wasserstoffs, was zur Zerstörung des gesamten Space Shuttle führte.

Die Wahrheit liegt tiefer

Ursache der Challenger-Katastrophe war also offensichtlich ein Fehler in den Feststoffraketen. Das war eine große Überraschung, denn gerade diese Raketen galten

Richard Covey (rechts) und Frederick Gregory, beide selbst Astronauten, sitzen in der Bodenstation in Houston und betrachten stumm die Fernsehbilder der Katastrophe.

als besonders ausgereift, robust und sicher. Hatte also das Schicksal grausam und unvorhersehbar zugeschlagen? Zum Entsetzen der amerikanischen Öffentlichkeit und der Raumfahrt-Interessierten in aller Welt förderten die weiteren Untersuchungen der Rogers-Kommission eine ganz andere Wahrheit zu Tage. Auf einmal wurde bekannt, daß die Segmentverbindungen der Feststoffraketen mit ihren zwei Dichtungsringen von Anfang an in der Kritik vieler kompetenter Ingenieure und Techniker gestanden hatten. Ihre prinzipielle Konstruktion machte sie von vornherein anfällig für eine Reihe von Störfaktoren, die bei der Montage der Raketen zwangsläufig auftraten. Bei zahlreichen vorangegangenen Shuttle-Flügen hatte bereits ein zur zusätzlichen Abdichtung benutzter Zinkchromat-Kitt versagt, was zu Verbrennungsschäden an den primären und sekundären Dichtungsringen geführt hatte.

Für den 28. Januar 1986 wurde schließlich folgende Situation ermittelt. Die Segmentverbindungen der Feststoffraketen der Challenger konnten durchaus bereits bei der Montage der Raketen vorgeschädigt worden sein. Insbesondere die mit hohem Druck durchgeführten Lecktests führten häufig zu einer Schädigung des Zinkchromatkitts. Beim Zünden der Raketen trat eine extrem starke Biegebelastung der Segmentverbindungen auf, die von diesen aufgrund ihrer Konstruktion nicht ausreichend kompensiert werden konnte. Dadurch war es möglich, daß die Dichtungsringe aus ihrer optimalen Position rutschten. Direkt zur Katastrophe führte schließlich ein dritter Faktor, der durchaus bekannt war und am Tag vor dem Start der Challenger heftig diskutiert wurde - die Kälte. Die für Florida ungewöhnlich tiefen Temperaturen in der Nacht zum 28. Januar hatten die aus einem synthetischen Gummimaterial bestehenden Dichtungsringe hart und spröde werden lassen. Die Kombination all dieser Faktoren führte schließlich zum vollständigen Versagen der Dichtungen in einer der Segmentverbindungen beim Start der Challenger.

Die entsetzte Öffentlichkeit erfuhr nun, daß schon im Januar 1985 die Discovery nur knapp einer Katastrophe

Rechts: Trümmerteile der Challenger fallen nach der Explosion zur Erde.

entgangen war. Ein Start direkt nach drei sehr kalten Nächten hatte zu den bis dahin schwersten thermischen Schäden an Dichtungsringen geführt. Der Hersteller der Feststoffraketen, die Firma Morton Thiokol aus Utah, hatte der NASA daraufhin empfohlen, 12 Grad Celsius Außentemperatur als absolutes Minimum für einen Shuttle-Start festzulegen. Doch die NASA reagierte nicht darauf, und so konnte die Challenger am 28. Januar 1986 bei nur 3 bis 4 Grad Celsius starten. Ingenieure von Morton Thiokol, die am Vortag von den voraussichtlich tiefen Außentemperaturen erfahren hatten, drängten auf die Durchführung einer Telekonferenz, die schließlich auch abgehalten wurde. Es bildeten sich schnell zwei Lager. Auf der einen Seite standen technisch versierte Fachleute von Morton Thiokol und der NASA, die starke Bedenken zum Ausdruck brachten, allerdings keine hieb- und stichfesten Beweise vorlegen konnten. Auf der anderen Seite waren die Manager, denen der zeitkritische Flugplan, die quengeligen Massenmedien und die finanziellen Kosten weiterer Verschiebungen im Nacken saßen. Vor diesem Hintergrund wurde ein Start der Challenger am 28. Januar 1986 trotz der Kälte von den maßgeblichen Leuten befürwortet.

Die Zukunft wird sicherer

Neben den direkten technischen Ursachen der Challenger-Katastrophe zeigten die Untersuchungen der Rogers-Kommission zahlreiche weitere Schwachstellen des Space Shuttle auf, die ebenfalls zu Unfällen mit schwerwiegenden Folgen hätten führen können. Außerdem wurden die Management-Struktur, die Organisation von Entscheidungsprozessen, Kompetenzverteilung und die Führung der NASA allgemein äußerst kritisch unter die Lupe genommen. Wenig später gab es zahlreiche personelle Veränderungen in Spitzenpositionen der Raumfahrtbehörde. Bis zur Wiederaufnahme der Shuttle-Flüge im September 1988 wurde das gesamte Sicherheits- und Qualitätsüberwachungssystem der NASA neu organi-

Ein Trümmerstück nach der Bergung.

siert. Es versteht sich von selbst, daß alle gefundenen Schwachstellen beim Space Shuttle ausgemerzt wurden, wozu auch eine komplette Umkonstruktion der Segmentverbindungen der Feststoffbooster gehörte. Diese entsprechen heute voll und ganz den strengen Sicherheitsanforderungen der bemannten Raumfahrt. Auch sonst ist das Space Shuttle seit der Challenger-Katastrophe wesentlich sicherer geworden. Bei den vielen Raumflügen seit 1988 ist es nie wieder zu einem sicherheitsrelevanten Vorfall gekommen. So gesehen war der Tod der sieben Astronauten am 28. Januar 1986 nicht umsonst.

Offizielles Crew-Foto der sieben Astronauten, die beim Ünglück der Challenger ums Leben gekommen sind. Von links: Ellison Onizuka, Michael Smith, Christa McAuliffe, Francis Scobee, Gregory Jarvis, Ronald McNair und Judith Resnik.

Kapitel 12

Steffen Kaduk

Rückkehr aus dem All

Rückkehr aus dem All

Ein Raumschiff landet auf der Erde

Auch wenn es auf den ersten Blick nicht so aussehen sollte - die sichere Rückführung eines Raumflugkörpers aus einer Umlaufbahn um die Erde auf die Oberfläche unseres Planeten ist technisch und technologisch genauso schwierig wie ein erfolgreicher Start in den Weltraum. Der Hauptgrund dafür kann vereinfacht so dargestellt werden: Die gigantischen Mengen chemischer Energie, die vor dem Start in den Treibstoffen gespeichert waren, stecken später in Form von potentieller und vor allem von Bewegungsenergie im Raumflugkörper. Soll dieser zur Erdoberfläche zurückkehren und dort zum Stillstand gebracht werden, müssen die Energiemengen komplett »vernichtet« werden. Tatsächlich werden sie bei der Rückkehr zur Erde durch Reibung mit den Luftmolekülen in Wärmeenergie umgewandelt. Diese würde allerdings ausreichen, den Raumflugkörper mehrfach vollständig zu verdampfen! Beim Space Shuttle als fortschrittlichem und wiederverwendbarem Raumtransporter kamen zwei weitere Probleme hinzu. Zum einen sollte der Orbiter komplett und vollkommen unversehrt auf der Erde ankommen, zum anderen wurde von ihm eine punktgenaue Landung auf einer Piste verlangt, die nicht viel breiter und länger war als eine nor-

Rechts: Endeavour beim Aufsetzen auf der Rollbahn im Kennedy Space Center.

John Casper während der Mission STS-77 auf dem Sitz des Kommandanten im Cockpit.

Endeavour
NASA
United States

Space Shuttle Endeavour landet auf der Edwards Air Force Base in Kalifornien. Dieser Platz dient als Ausweichplatz, wenn in Florida beispielsweise schlechtes Wetter herrscht.

male Landebahn für Großraumflugzeuge. Heute, wo bald zum hundertsten Male eine amerikanische Raumfähre auf der Erde landen wird, ist der lange und schwierige Weg fast vergessen, der diese Meisterleistung erst möglich gemacht hat.

Das Space Shuttle wurde mit einem völlig neuartigen Hitzeschutzschild ausgerüstet, der in den 70er Jahren sozusagen »die vorderste Front« der beherrschbaren Technologie darstellte. Praktisch die gesamte Unterseite und der Bug der Orbiter sind mit schwarzen Keramikkacheln beklebt, die ein sensationell niedriges Wärmeleitvermögen haben. Wenn diese Kacheln, bedingt durch die Luftreibung beim Wiedereintritt in die Erdatmosphäre, auf der Außenseite bereits glühendrot sind vor »Höllenhitze«, könnte man sie auf der nur wenige Zentimeter entfernten Innenseite noch ohne weiteres mit bloßer Hand anfassen! Auf diese Weise kann ein Shuttle-Orbiter kontinuierlich riesige Wärmemengen (und damit Energie) abstrahlen, ohne selbst zu verglühen.

Darüber hinaus ist das Space Shuttle aerodynamisch so ausgelegt, daß ein stabiler, antriebsloser Flug durch alle Bereiche der Erdatmosphäre einschließlich einer Landung mit relativ hoher Geschwindigkeit möglich ist. Der Orbiter verfügt über hochwirksame Steuerflächen (Höhen- und Seitenruder, Trimmklappe) sowie genügend elektronische Systeme (Radar-Höhenmesser, Navigationsanlagen, Landehilfen), um autonom navigieren und eine vorher festgelegte Landebahn mit großer Präzision erreichen zu können. Dabei muß man sich stets vor Augen halten, daß schon der erste Landeanflug perfekt klappen muß, denn normale Flugzeugtriebwerke für einen weiteren Versuch waren aus Kosten- und Gewichtsgründen nicht realisierbar.

Der Deorbit Burn

Wie läuft die Rückkehr eines Space Shuttle zur Erde nun ganz konkret ab? Wenn die orbitale Mission beendet ist, muß zunächst einmal geklärt werden, ob die Wetterverhältnisse in Florida eine Landung im Kennedy Space

Center zulassen. Die dort vorhandene Landebahn aus Beton ist optimal ausgerüstet und bietet zudem den Vorteil, daß der Orbiter praktisch sofort nach der Landung in einen OPF-Hangar gebracht werden kann. Voraussetzung dafür ist allerdings gutes Wetter – uneingeschränkte Bodensicht, wenig Wind, keine tiefhängenden Wolken und keinerlei Niederschlag. Gibt es mit dem Wetter Schwierigkeiten, kann die Landung ohne weiteres um einen oder zwei Tage verschoben werden. Danach ist eine Rückkehr zur kalifornischen Luftwaffenbasis Edwards notwendig, die mitten in der Mojave-Wüste gelegen ist und praktisch keine Wetterprobleme kennt. Seit 1996 war das aber nicht mehr notwendig. Der Einsatz einer verbesserten Bugradlenkung, leistungsfähigerer Carbon-Bremsen und nicht zuletzt des hochwirksamen Bremsschirms haben die NASA bewogen, die Wetterregeln nach und nach etwas großzügiger zu fassen.

Hat man im Bodenkontrollzentrum in Houston grünes Licht für die Rückkehr zur Erde gegeben, legen die Astronauten ihre partiellen Schutzanzüge an, die sie bei einem Notausstieg aus dem Shuttle in großer Höhe schützen sollen. Gleichzeitig werden die riesigen Frachtraumtüren geschlossen und alle Systeme des Orbiters auf die letzte Phase der Mission vorbereitet. Ungefähr eine Stunde vor der geplanten Landung findet der Deorbit Burn statt. So nennt die NASA jene Zündung der beiden großen Manövriertriebwerke, die die Bahngeschwindigkeit des Shuttle signifikant verringert. Da die Triebwerke natürlich entgegen der Flugrichtung feuern müssen, wird der Orbiter zunächst mit den wesentlich schubschwächeren Lageregelungstriebwerken in die entsprechende Lage im Raum gebracht. Der Deorbit Burn ist die Grundvoraussetzung für die Rückkehr zur Erde, denn der Orbiter befindet sich bis dahin in einer recht stabilen Erdumlaufbahn. Ohne Deorbit Burn würde er monatelang auf dieser Bahn bleiben, weshalb sich die NASA viele Gedanken zum möglichen Versagen eines der Manövriertriebwerke gemacht hat. So existiert heute zum Beispiel ein raffiniertes »Über-Kreuz-System«, mit dem das eine Triebwerk notfalls auch die Treibstoffe des anderen mit verbrennen kann. Sollten einmal beide Triebwerke ausfallen, können die kleineren Lageregelungsmotoren in die Bresche springen. Dann dauert der Deorbit Burn statt weniger Minuten zwar Stunden, ist

Columbia landet mit Bremsschirm auf der Rollbahn am Cape Canaveral.

am Ende aber trotzdem erfolgreich. Die Wahrscheinlichkeit, daß einmal ein Space Shuttle im Orbit »strandet«, ist daher äußerst gering.

Blackout oder Funkkontakt?

Nach erfolgtem Deorbit Burn befindet sich der Orbiter auf einer neuen Umlaufbahn, deren tiefster Punkt nur noch einige hundert Meter über der Erdoberfläche liegt. Bis dahin ist es allerdings noch ein weiter Weg – etwa eine halbe Erdumkreisung. In rund 120 km Höhe taucht der Orbiter rund eine halbe Stunde später mit der stabilen und gut geschützten Unterseite voran in die dichteren Schichten der Erdatmosphäre ein. In den kommenden Minuten nimmt die Luftdichte kontinuierlich zu, und die aerodynamische Bremsung setzt voll ein. Bugnase und Tragflächenvorderkanten des Orbiters werden jetzt über 1.000 Grad Celsius heiß, und vor den Cockpitfenstern breitet sich ein rötlicher Schein aus. Die Raumfähre ist fast vollständig von heißen, ionisierten Luftmolekülen umgeben, was jeglichen, direkt zum Boden gerichteten Funkverkehr früher für einige Minuten unmöglich machte. Heute jedoch umgeht man diesen Effekt, indem nach oben über die geostationären Bahnverfolgungs- und Datenrelaissatelliten (Tracking and Data Relay Satellite, TDRS) eine Funkbrücke herstellt, so daß das Kontrollzentrum im texanischen Houston jetzt während dieser kritischen Phase einer Shuttle-Mission nahezu ununterbrochen (bis auf wenige Sekunden dauernde Aussetzer) Funkkontakt zu den Astronauten hat. Um die Sinkgeschwindigkeit regulieren zu können und trotzdem den richtigen Kurs einzuhalten, werden mehrere langgezogene S-Kurven geflogen. Zur Steuerung benutzen Kommandant und Pilot zunächst die auch im Weltall verwendeten Lageregelungstriebwerke. Erst bei ausreichender Luftdichte geht die Kontrolle Schritt für Schritt an die riesigen aerodynamischen Steuerflächen des Orbiters über.

HAC – die letzte Kurve

In einer Höhe von etwa 25 km hat sich die Geschwindigkeit des Orbiters von anfangs fast 8.000 m/s (ca. Mach 25) bis auf zweieinhalbfache Schallgeschwindigkeit abgebaut. Die Phase der höchsten thermischen Belastung ist vorüber, und ein neuer Abschnitt der Rückkehr zur Erde beginnt. Im Vordergrund steht nun die präzise Einhaltung des richtigen Kurses, der exakten Flughöhe und Geschwindigkeit. Die Landebahn ist nur noch rund 100 km entfernt und, wie bereits erwähnt, muß schon der erste Anflug perfekt klappen. Jedes Flugmanöver ist jetzt extrem zeitkritisch, weshalb die NASA quasi als Reserve den Heading Alignment Cylinder (HAC) »erfunden« hat. Das ist eine von vornherein eingeplante riesige Kurve vor Beginn der Landebahn (manchmal fast ein Vollkreis), die der Orbiter fliegen muß, ehe er zum Endanflug übergeht. In dieser Kurve kann der Kommandant letzte Korrekturen am Flugweg vornehmen und die Geschwindigkeit des Orbiters optimieren.

Links: Eileen Collins im Cockpit nach der Landung.

Aufsetzen mit 350 km/h

Nach Durchfliegen des HAC befindet sich der Orbiter im Endanflug auf die Landebahn. Im Kennedy Space Center steht eine 91 m breite und knapp 4.600 m lange Betonpiste zur Verfügung, die eine Nordwest/Südost-Ausrichtung besitzt und je nach Windverhältnissen von beiden Seiten angeflogen werden kann. Die Führung des Orbiters bis zum Aufsetzpunkt übernimmt ein hochpräzises und redundantes Mikrowellenlandesystem, das bei seiner Einführung Anfang der 80er Jahre weltweit einmalig war. Für Nachtlandungen stehen transportable Xenon-Lampen zur Verfügung, mit denen die Aufsetzzone taghell ausgeleuchtet werden kann. Außerdem existiert seit neuestem eine Unterflurbeleuchtung der Landebahn-Mittellinie. Mit einer Sinkgeschwindigkeit von zum Schluß nur noch 2 bis 3 m/s setzt der Orbiter zunächst mit den vier Hauptfahrwerksrädern auf. Seine Geschwindigkeit soll dabei zwischen 340 und 365 km/h liegen, doch hat die Praxis gezeigt, daß auch 400 km/h von den Fahrwerken und Bremsen noch ganz gut verkraftet werden. Das ist sehr viel schneller als bei jedem anderen Luftfahrzeug der Welt. Bevor auch das Bugfahrwerk aufsetzt, wird heutzutage der Bremsschirm ausgeschossen, der die Radbremsen spürbar entlastet. Diese wiederum kann der Kommandant nach eigenem Ermessen einsetzen oder vorher mit der Bodenkontrolle abgesprochen. Etwa eine Minute nach dem Aufsetzen ist der Orbiter ausgerollt. Dazu braucht er meist zwischen 2.000 und 3.000 m Ausrollstrecke.

Wieder zu Hause

Mit dem Space Shuttle ist ein hochkomplexes Raumfahrzeug aus dem Weltall zurückgekehrt, das nicht einfach auf eine Parkfläche geschoben werden kann. Unmittelbar nach der Landung setzt sich deshalb ein ganzer

Konvoi aus Spezialfahrzeugen in Bewegung, um den Orbiter zu sichern. Zunächst überprüfen Techniker in Schutzanzügen, ob an irgendeiner Stelle der Raumfähre giftige Treibstoffe oder explosive Gase austreten. Ist das nicht der Fall, können sich zwei ungewöhnliche Tieflader nähern, die verschiedene Ausrüstungen zur Klimatisierung und Kühlung des Orbiters transportieren. Angeschlossen werden Schläuche, über die kühle und trockene Luft in alle Innenbereiche der Raumfähre geblasen wird. Außerdem werden die internen Kühlkreisläufe des Orbiters nun an ein externes Kühlaggregat angeschlossen. Zum Konvoi gehören des weiteren ein Lastzug zur Heliumversorgung, Gangway- und Kamera-Fahrzeuge, Krankenwagen und Feuerwehren, ein Zugtraktor sowie ein Kleinbus für den Transport der Astronauten. Diese verlassen den Orbiter in der Regel eine Stunde nach der Landung, wenn die entsprechenden Checklisten abgearbeitet sind. Einige Bordsysteme müssen unmittelbar nach der Landung heruntergefahren oder deaktiviert werden. Meistens lassen es sich die eben aus dem Weltall zurückgekehrten Männer und Frauen nicht nehmen, einen kleinen Rundgang um ihren Orbiter zu machen. Manchmal verbieten das allerdings die Ärzte, zum Beispiel wenn gleich nach dem Raumflug noch umfangreiche medizinische Untersuchungen vorgesehen sind.

Nach dem Verlassen der Discovery begutachten Kevin Kregel, Terence Henricks und Donald Thomas (in den orangen Anzügen von links) das Bugfahrwerk. Der Mann mit der Baseballmütze ist Startdirektor James Harrington.

Rechts: Endeavour nach ihrem dritten Flug ins All. Mitarbeiter der Servicefirma haben den Orbiter auf eventuell austretende giftige Treibstoffe überprüft.

United States
Atlantis
9

Anhang

Daten pur – eine Chronologie

Epilog: Nach dem Space Shuttle - ein neuer Aufbruch?

von Ralf Hupertz

In den vergangenen zwei Jahrzehnten sind das Space Shuttle und seine Missionen in der Erdumlaufbahn zu einem Stück »All«-Tag geworden. Mit dem jüngst begonnenen Aufbau der Internationalen Raumstation ISS befinden wir uns derzeit am Anfang des dritten Abschnitts der bemannten amerikanischen Raumfahrt – und wie es in der Raumfahrt so üblich ist, werden kurz nach Erreichen eines solchen Punktes bereits die Weichen für das nächste Kapitel gestellt. Wie wird es also weitergehen? Bis zum Ende der ersten zehnjährigen Betriebsphase der ISS, 2014, wird das Space Shuttle noch seinen Dienst tun. Was danach kommt, ist derzeit noch ungewiß, aber die Möglichkeiten sind in ihren Konturen bereits absehbar.

Eine Überlegung geht in die Richtung, daß das Space Shuttle noch bis zum Jahr 2030 fliegen soll. Mit wesentlichen Design-Veränderungen, wie z. B. rückführbaren Flüssigtreibstoff-Zusatzraketen, wäre ein kostengünstigerer und noch sicherer Zugang zum Weltraum möglich, der gleichzeitig eine Steigerung der Flugrate auf etwa zwölf Missionen pro Jahr erlauben würde. Das wäre eine Voraussetzung für eine intensivere Nutzung des Space Shuttle für Aufgaben außerhalb des Raumstationsprogramms.

Andererseits wird seit einigen Jahren bereits an einem potentiellen Nachfolger des Space Shuttle gearbeitet – der Venture Star. Dabei handelt es sich um einen voll wiederverwendbaren Einstufer, also ein Raumfahrzeug, das ähnlich einem Flugzeug, allerdings noch senkrecht startend, aber ohne absprengbare Tanks oder Zusatzraketen, seine Missionen durchführen soll. Als größten Vorteil dieses Konzepts verspricht man sich eine kurze Turnaroundzeit am Boden. Zwischen zwei Flügen ein und desselben Gefährts soll nur etwa eine Woche liegen (beim Space Shuttle sind es rund vier Monate). Dadurch sollen die Kosten für die Nutzlast drastisch reduziert werden – ein Ziel, das seit Anbeginn der Raumfahrt verfolgt wird. Derzeit kostet es noch rund 30.000 DM, ein Kilogramm in die Erdumlaufbahn zu befördern. Für einen wirklich alltäglichen Zugang zum Weltraum müßte dieser Betrag auf mindestens ein Zehntel reduziert werden. Ein 1:2-Modell der Venture Star, genannt X-33, wird im Jahr 2000 erste Erprobungsflüge in der Hochatmosphäre durchführen. Das Originalgefährt könnte etwa ab dem Jahr 2008 zur Verfügung stehen. Es wird dann aber zunächst ein unbemanntes Gefährt sein. Eine Aufrüstung zu einem bemannten Raumschiff würde zwar noch einmal etwa sieben Jahre dauern, es wäre dann aber rechtzeitig zum Ende der ersten Betriebsphase der ISS bereit zur Ablösung des Space Shuttle.

Das sind beides nur Konzepte für den erdnahen Weltraum. Die Menschheit aber wird im 21. Jahrhundert nach Apollo einen neuen Aufbruch ins Sonnensystem wagen – und das Ziel wird Mars, der Rote Planet, sein. Dafür jedoch bedarf es neuer Schwerlastraketen, denn ein Marsraumschiff wird nach Berechnungen von Raumfahrzeugbauern und Raumflugmechanikern eine Abflugmasse haben, die oberhalb derjenigen der Internationalen Raumstation liegen wird (ca. 500 t). Dabei wird es nicht tragbar sein, ein derartiges Raumschiff (es kann ja aufgrund seiner Größe nicht wie die Saturn V für die Mondlandung von der Erdoberfläche aus starten) über sechs Jahre lang wie die ISS in der Erdumlaufbahn zusammenzubauen – das sollte schon innerhalb von sechs Monaten geschehen können.

In jedem Fall aber muß noch eine ganze Reihe von neuen Technologien entwickelt werden, bis dieser große Sprung hinaus ins Sonnensystem – nach dem kleinen Schritt in die Erdumlaufbahn – gemacht werden kann. Dennoch ist die Frage nicht ob, sondern vielmehr wann die Menschheit diesen neuen Aufbruch wagen wird. Ein selbstgestecktes Ziel für die erste Etappe, den ersten bemannten Flug zum Mars, ist für die Amerikaner der 50. Jahrestag der ersten bemannten Mondlandung, der 20. Juli 2019.

Vielleicht wird es ja sogar der letzte Space Shuttle-Flug sein, der die Besatzung dieser historischen Mission zur Internationalen Raumstation bringen wird, von wo aus sie in ihr Marsraumschiff umsteigt, um die Raumfahrt noch mehr ein Stück »All«-Tag werden zu lassen, als es das Space Shuttle bis dahin erreicht haben wird.

Der lange Weg zum Start

Chronologie des Space Shuttle (1972–1981)

Nach der erfolgreichen Mondlandung von 1969 stand für die NASA die Entwicklung eines wiederverwendbaren Raumfahrzeuges im Mittelpunkt des sog. Nach-Apollo-Programms. Aus einem Zubringer zu einer bemannten Raumstation sollte zwar so bald nichts werden, aber ein bemanntes Raumfahrzeug, das bis zu einhundertmal ins All starten könnte, nahm recht bald Gestalt an. Zu Beginn der siebziger Jahre waren die Entscheidungen gefallen, auf denen das Space Shuttle aufbauen konnte. Damit war auch für die Industrie der Startschuß für den Bau der Raumfähren gefallen, wenn bis zum Erststart auch noch fast ein Jahrzehnt vergehen mußte. Die nachfolgende Tabelle zeichnet die wichtigsten Meilensteine bis zum Jungfernflug eines ersten wiederverwendbaren Raumschiffes der Welt nach:

9. August 1972
Die Firma Rockwell in Palmdale, Kalifornien, erhält den Auftrag, als Hauptauftragnehmer für den Bau der Shuttle-Orbiter zu fungieren.

4. Juni 1974
Beginn des Baus der Strukturelemente für das Besatzungsmodul der Testraumfähre OV-101 »Enterprise«.

17. Juli 1974
Beginn der Fabrikation des Dummy-Systems MPTA-098, einer Shuttle-Konstruktion, die lediglich für bodengebundene Triebwerkstests vorgesehen war.

6. Januar 1975
Beginn der Fabrikation von Bauelementen für die Vorserien-Fähre STA-099, aus der später die Challenger entstehen sollte.

27. März 1975
Beginn der Fabrikation von Bauelementen für die erste Einsatzraumfähre OV-102 »Columbia«.

23. Mai 1975
Montagebeginn der Flügel für die Raumfähre Enterprise in Palmdale. Gleichzeitig werden weitere wichtige Strukturelemente zur Montage vorbereitet.

17. Oktober 1975
Erster sog. Main Stage Test eines Shuttle-Haupttriebwerkes (SSME) im Testzentrum der NASA.

17. November 1975
Baubeginn des Besatzungsmoduls für die Raumfähre Columbia.

20. Dezember 1975
Erster 60 Sekunden dauernder Brennversuch eines SSME-Haupttriebwerkes.

31. Dezember 1975
Ein 1:4-Shuttle-Modell der Raumfähre wird bei Rockwell in Downey, Kalifornien, ersten Boden-Vibrationstests unterzogen.

16. Januar 1976
Montagebeginn des Besatzungsmoduls für die Raumfähre Enterprise.

3. März 1976
Montagebeginn der Frachtraumtüren der Raumfähre Enterprise.

15. März 1976
Beginn der Funktionsüberprüfungen des Shuttle-Orbiters OV-101 »Enterprise«. Die Überprüfungen werden am 25. Juni erfolgreich abgeschlossen.

2. April 1976
Test des Besatzungs-Rettungssystems für die ersten Shuttle-Flüge auf einer Testschlitten-Anlage in Downey.

28. Juni 1976
Erster horizontaler Vibrations- und Betankungstest der Raumfähre Enterprise.

30. Juni 1976
Montagebeginn der Dummy-Haupttriebwerke in die Raumfähre Enterprise.

2. August 1976
Beginn der Modifizierungsarbeiten an einer Boeing B747, die zum Trägerflugzeug für Überführungs- und Absetzflüge der Raumfähren umgebaut wird.

27. August 1976
Die beiden Baueinheiten mit den Lagekontrolltriebwerken (RCS) und Orbitmanövriertriebwerken (OMS) der Raumfähre Enterprise werden simulierten Absetz- und Landeanflügen ausgesetzt, bevor sie in den Orbiter eingebaut werden.

30. August 1976
Beginn von Umbauarbeiten an der Überlandstraße zwischen Palmdale und der Edwards Air Force Base, auf der die Raumfähren transportiert werden sollen (Abschluß der Arbeiten am 10. Dezember).

13. September 1976
Beginn der Vorbereitungen des sog. Rollouts der fertigen Testfähre Enterprise in Palmdale, der schließlich unter großem öffentlichen Interesse am 17. September erfolgt.

29. Oktober 1976
Auslieferung der Schleudersitze für das Cockpit der Raumfähre Enterprise.

31. Oktober 1976
Das 1:4-Modell der SRB-Zusatzbooster wird in Downey montiert. Das entsprechende Modell des ET-Haupttanks folgt am 17. Dezember. Ein gleichgroßes Orbitermodell komplettiert das System am 21. März 1977.

4. November 1976
Rollout der umgebauten Boeing B747-Shuttle Carrier Aircraft (SCA) beim Hersteller Boeing.

14. Januar 1977
Die Boeing B747/SCA trifft auf der Edwards Air Force Base in der kalifornischen Mojavewüste ein.

31. Januar 1977
Straßen-Transport der Raumfähre Enterprise zur Edwards Air Force Base. Die Montage auf der B747/SCA erfolgt am 7. Februar. Am 15. Februar stehen ein Boden-Vibrations- und ein sog. Taxi-Test an, bei denen das Trägerflugzeug jedoch nicht vom Boden abheben soll. Ein zweiter Taxi-Test findet am 16. Februar statt.

18. Februar 1977
Beginn der sog. Inert Captive Flight Tests der Enterprise auf dem Rücken der Boeing B747/SCA. Bis zum 2. März werden fünf Flüge mit der unbemannten Raumfähre unternommen, die bis zu 3 Stunden und 13 Minuten dauern.

16. März 1977
Montagebeginn der Flügel für den Orbiter STA-099, der späteren Challenger.

27. Mai 1977
Die Testeinrichtung MPTA-098 wird in Downey abschließend integriert und getestet. Danach wird sie nach Seal Beach transportiert und beginnt am 3. Juni auf dem Seeweg die Reise zum Triebwerkstestgelände in Mississippi, wo sie am 24. Juni eintrifft.

18. Juni 1977
Erster bemannter Flug der Enterpriese auf dem Rücken des Trägerflugzeuges von knapp 56 Minuten Dauer. Am 28. Juni und 14. Juli erfolgen weitere zwei Testflüge. Als Piloten fungieren jeweils die Astronauten Haise und Fullerton bzw. Engle und Truly.

23. Juni 1977
Auslieferung des ersten Qualifikations-SSME-Haupttriebwerkes an die NASA zum Einsatz im MPTA-098. Am 8. und 14. Juli folgen die Triebwerke Nr. 2 und 3.

5. Juli 1977
Beginn der Produktionsarbeiten am Shuttle-Orbiter OV-103 »Discovery«.

18. Juli 1977
Erster voller Brenntest eines SRB-Zusatzboosters über zwei Minuten bei Thiokol in Brigham City, Utah.

12. August 1977
Erster bemannter Absetztest der Enterprise vom Trägerflugzeug B747/SCA aus 6.950 m Höhe. Haise und Fullerton fungieren als Piloten und landen die Fähre nach 5 Minuten und 21 Sekunden Freiflugzeit sicher auf einer Salzseepiste in Edwards. Das Heck der Fähre ist dabei mit einer aerodynamischen Verkleidung versehen.

26. August 1977
Die Flügel der ersten Einsatzraumfähre Columbia treffen in Palmdale ein und werden zur Montage vorbereitet.

10. September 1977
Der ET-Haupttank für die Triebwerkstests der Struktureinheit MPTA-098 trifft im NASA-Testzentrum ein.

13. September 1977
Zweiter bemannter Absetzflug der Enterprise, wieder mit aerodynamischer Triebwerksverkleidung. An Bord befinden sich die Astronauten Engle und Truly, die die Fähre aus 7.300 m Höhe in 5 Minuten und 28 Sekunden sicher zur Erde bringen.

23. September 1977
Dritter Absetztest der Enterprise mit Haise und Fullerton an Bord. Der Freiflug aus 7.260 m Höhe dauert 5 Minuten und 34 Sekunden.

12. Oktober 1977
Vierter Absetzflug der Enterprise. Diesmal wird auf die aerodynamische Verkleidung der Triebwerke (Dummies) verzichtet. Engle und Truly bringen die Fähre aus 6.250 m Höhe innerhalb von 2 Minuten und 34 Sekunden sicher zur Erde.

26. Oktober 1977
Fünfter und letzter bemannter Absetzflug der Enterprise. Diesmal erfolgt die Landung auf einer Piste der Edwards-Luftwaffenbasis, der Runway 04. Haise und Fullerton steuern die Fähre aus etwa 6.000 m Höhe binnen 2 Minuten und 1 Sekunde sicher zur Erde.

4. November 1977
Beginn der Entwicklungstests der vorderen Einheiten der Lagekontrolltriebwerke (RCS) der Shuttle-Orbiter in White Sands, New Mexico.

15. November 1977
Beginn von Überführungstests für den Lufttransport der Shuttle-Orbiter auf dem Rücken der Boeing B747/SCA. Dabei wird die Enterprise in Höhen von 5.000 bis 8.000 m bis zu 4 Stunden und 17 Minuten lang über der Mojavewüste »umher«geflogen. Bis zum 18. November werden vier Flüge unternommen. Am 9. Dezember werden alle Flugtests der Enterprise als abgeschlossen deklariert, und die Fähre wird auf die Überführung zum NASA Marshall Space Flight Center in Alabama vorbereitet.

13. Dezember 1977
Abschluß der Betankungstests am Triebwerkstest-Modul MPTA-098.

18. Januar 1978
Zweiter Brennversuch eines SRB-Boosters bei Thiokol in Utah. Der Versuch dauert 129 Sekunden, wobei die Düse zweimal um bis zu 5 Grad geschwenkt wird.

3. März 1978
Die Modifikationen für die Vibrationstests der Enterprise werden auf der Edwards AFB abgeschlossen. Am 10. März beginnt der Überführungsflug auf dem Rücken der Boeing B747/SCA nach Huntsville, Alabama, der auf der Ellington AFB in Texas planmäßig für eine »Übernachtung« unterbrochen wird.

31. März 1978
Der für die Vibrationstests vorgesehene große Außentank (ET) trifft im Marshall-Raumfahrtzentrum (MSFC) in Huntsville ein.

21. April 1978
Erster Brenntest eines kompletten SSME-Sets (drei Triebwerke) innerhalb der MPTA-098-Struktur.

23. April 1978
Beendigung der Verkabelung der Columbia, womit am 24. April die Verifizierungstests der Subsysteme der Raumfähre beginnen können.

30. Mai 1978
Beginn der Vibrationstests von Enterprise und ET in Huntsville. Einen Tag später werden auch die zwei mit Festtreibstoff gefüllten Booster für diese Tests nach Huntsville verschifft.

7. Juli 1978
Beim vierten SSME/MPTA-098-Test wird erstmals das vorzeitige Aussetzen eines der drei SSME durchgespielt, wobei die beiden restlichen Triebwerke die zusätzliche Schubleistung übernehmen.

13. Juli 1978
Abschluß der Tests der vorderen RCS-Lagekontrolltriebwerke.

21. Juli 1978
Erster operativer Brenntest einer kompletten Einheit der Orbit-Manöver-Triebwerke, von der jede Fähre zwei am Heck besitzt.

31. Juli 1978
Am Cape Canaveral wird die Landebahn für den Shuttle, die Orbiter-Vorbereitungshalle (OPF-Bucht 1) und die Betankungseinrichtung für selbstzündende Treibstoffe als einsatzbereit erklärt. Am 31. August folgen die Buchten 3 und 4 des großen vertikalen Montagegebäudes VAB.

20. September 1978
Vibrationstest der Enterprise im kompletten Startzustand, also mit SRB und ET, in Huntsville.

29. September 1978
Abschluß der Tests des Zusammenspiels aller technischen Systeme des Shuttle-Orbiters am Vorserienmodell STA-099.

9. Dezember 1978
Nach Abschluß der Entwicklungstests von RCS-Steuertriebwerken und OMS-Orbit-Manöver-Triebwerken beginnen die Flugqualifikationstests.

31. Januar 1979
Das Missions-Kontrollzentrum in Houston wird, in Zusammenwirken mit der Kommunikationsstation Goldstone, für die ersten Shuttle-Einsätze als einsatzfähig erklärt.

3. Februar 1979
Abschluß der kombinierten Systemtests des Orbiters Columbia in Palmdale. Danach wird dort die Ausstiegsluke zum Frachtraum montiert.

26. Februar 1979
Abschluß der Boden-Vibrationstests der Enterprise.

28. Febraur 1979
Die Landebahn Runway 23 auf der Edwards AFB wird für einsatzfähig erklärt. Hier sollen die ersten Landungen der Raumfähre Columbia erfolgen.

8. März 1979
Nach Abschluß aller Überprüfungen wird die Columbia auf dem Landweg nach Edwards gebracht. Hier erfolgt bereits einen Tag darauf der erste Flugtest auf dem Rücken der Boeing B747/SCA.

17. März 1979
Das erste Einsatz-Haupttriebwerk, SSME-Nr. 2005, ist für Testzündungen bereit.

20. März 1979
Beginn des Überführungsfluges der Columbia nach Florida. Der Flug wird planmäßig in El Paso (Texas), San Antonio (Texas), und Eglin (Florida) unterbrochen. Die Columbia trifft am 24. März im Kennedy Space Center ein.

10. April 1979
Die Enterprise wird vom Marshall Space Flight Center in Huntsville zum Cape Canaveral geflogen, wo sie am 1. Mai in der Komplettausführung mit ET und SRBs zum Startplatz 39A gebracht wird. Am 23. Juli erfolgt der Rücktransport zum VAB-Gebäude.

10. Mai 1979
In Cape Canaveral trifft die rechte OMS/RCS-Einheit für die Columbia ein. Am 15. Mai folgt dann auch die linke Einheit, von McDonnell Douglas aus St. Louis kommend.

15. Juni 1979
Erster Qualifikationstest für den Einsatz der SRB-Zusatzbooster bei Thiokol in Utah.

21. Juni 1979
Beginn des Baus des Einsatz-Besatzungsmoduls für die Raumfähre OV-099 »Challenger« (vormals STA-099).

1. August 1979
Beginn des Baus des Besatzungsmoduls der Raumfähre Discovery (OV-103).

10. August 1979
Beginn des mehrtägigen Überführungsfluges der Enterprise von Florida nach Kalifornien, wo sie am 16. August auf der Luftwaffenbasis Edwards eintrifft.

31. August 1979
Beendigung der Phase-II-Tests des OMS-Systems, denen ab September ähnliche Tests der einzelnen RCS-Triebwerke folgen.

30. Oktober 1979
Die Enterprise trifft auf dem Landweg wieder in Palmdale ein.

7. November 1979
Das Testgerät STA-099 wird nach Palmdale zurücktransportiert, wo der Umbau zum Einsatzorbiter OV-099 »Challenger« beginnt.

21. Dezember 1979
Erster erfolgreicher und umfangreicher Komplett-Brennversuch des SSME-Sets MPTA-098 über die volle

Brennzeit von 554 Sekunden bei unterschiedlichen Bedingungen.

14. Januar 1980
Abschluß der Orbiter-Integrationstests der Columbia im Kennedy Space Center.

14. Februar 1980
Letzter Qualifikations-Brenntest eines SRB-Boosters bei Thiokol in Utah.

31. März 1980
Abschluß aller Tests mit dem 1:4-Modell der kompletten Space Shuttle-Konstruktion in Downey.

1. Juli 1980
Beginn der Einsatz-Brennversuche der Haupttriebwerke der Columbia. Bis zum 16. Juni werden alle drei Triebwerke (Nr. 2005, 2006 und 2007) für jeweils 520 Sekunden Dauer gezündet.

28. Juli 1980
Beginn der Arbeiten an der Konstruktion der Raumfähre OV-104 »Atlantis«.

3. August 1980
Abschluß der Montage der drei Flug-SSME-Triebwerke in den Orbiter Columbia im KSC. Sie werden jedoch am 9. und 10. Oktober zu Modifizierungsarbeiten kurzzeitig noch einmal wieder ausgebaut. Am 11. und 12. Oktober werden die beiden OMS/RCS-Einheiten in die Columbia integriert.

3. November 1980
Im VAB des KSC in Florida werden ET und SRB-Booster zusammenmontiert, die für den Erststart der Columbia vorgesehen sind. Am 24. November trifft auch die Columbia im VAB ein. Die Montage des Orbiters auf den ET erfolgt am 26. November.

18. Dezember 1980
Abschluß der Überprüfungen des Zusammenspiels von Orbiter Columbia mit den anderen Bauteilen des Shuttle und der Transporteinrichtung für den Flug STS-1. Damit können die Vorbereitungen für den Rollout zur Startrampe beginnen.

29. Dezember 1980
Die Columbia wird mit dem Crawler-Transporter zur Startrampe 39A gefahren, wo die Vorbereitungen für den bemannten Erstflug einer wiederverwendbaren Raumfähre aufgenommen werden können.

22. Januar 1981
Beginn eines Betankungstests des ET der Columbia. Zunächst wird Flüssigwasserstoff getankt. Am 24. Januar folgt Flüssigsauerstoff. Die Betankungsaktion wird am 29. Januar mit den hypergolen (selbstzündenden) Treibstoffen der OMS/RCS-Triebwerke des Orbiters fortgesetzt.

4. Februar 1981
Beginn des Countdown-Demonstrationstests, der am 20. Februar mit dem Flugbereitschaftstest des kompletten SSME-Sets der Columbia endet. Dabei werden die drei SSME-Haupttriebwerke auf der Startplattform für 20 Sekunden gezündet.

24. Februar 1981
Beginn der dreitägigen Missions-Spezifikationstests für den Columbia-Erstflug STS-1. Am 14. März folgt schließlich der Start-Verifikationstest der Columbia. Am 9. März werden jedoch zum zweiten Mal Isolierteile des ET ausgewechselt.

19. März 1981
Abschluß eines 33-Stunden-Probecountdowns für den Start STS-1. Es kommt zwei Stunden danach zu einem Unfall, bei dem der Techniker Bjornstadt in einem mit Stickstoff gefüllten Raum im Triebwerksteil der Fähre erstickt. Am 1. April erliegt auch ein zweiter Techniker seinen Verletzungen.

25. März 1981
Erneute Probebetankung des ET zur Überprüfung der Isolierschicht, wobei lediglich 7 t Treibstoff verwendet werden. Der Test wird zur Sicherheit am 27. März wiederholt. Der ET-Tank gilt damit als absolut flugtauglich.

31. März 1981
Betankung der Hilfsgeneratoren, die für die Hydraulik im Orbiter und den SRBs verantwortlich sind.

6. April 1981
Beginn des Countdowns für die erste Mission einer bemannten Raumfähre, STS-1/Columbia.

9. April 1981
Abschluß der Betankung der Raumfähre. Mit gefüllten Tanks an Bord steht die Columbia nunmehr erstmals startbereit auf der Abschußrampe 39A des Kennedy-Raumfahrtzentrums.

10. April 1981
Abbruch des ersten Startversuchs der Columbia wegen technischer Probleme in einer Brennstoffzelle zur Energieversorgung und der Computersteuerung. Der Countdown wurde innerhalb des planmäßigen 10-Minuten-Halts bei T-9 min - also 19 Minuten vor dem geplanten Starttermin – unterbrochen.

12. April 1981
Bemannter Erststart einer wiederverwendbaren Raumfähre. Die Columbia wird von den Astronauten Young und Crippen geflogen. Die Flugdauer beträgt rund 54,5 Stunden. Die Landung erfolgt im 36. Erdumlauf auf der Edwards AFB, Runway 23, einem ausgetrockneten Salzsee. Am 20. April beginnt der Rücktransport der Columbia nach Cape Canaveral, wo die Fähre auf dem Rücken der Boeing B747/SCA am 21. April eintrifft. Zu diesem Zeitpunkt laufen im VAB-Gebäude des KSC bereits die Montagearbeiten der SRB-Booster für die nächste Mission (STS-2) der Columbia, den ersten Raumflug eines gebrauchten bemannten Raumschiffs.

100 Missionen im All -

Chronologie des Space Shuttle (1981–1999)

Mission Orbiter	Start Landung	Flugdauer[1] Erdumläufe	Besatzung[2]	Hauptnutzlast
STS-1	12.04.1981	02:06:20:52	CDR: J.W. Young	DFI
Columbia	14.04.1981	36	PLT: R.L. Crippen	
STS-2	12.11.1981	02:06:13:12	CDR: J.H. Engle	OSTA-1
Columbia	14.11.1981	36	PLT: R.H. Truly	
STS-3	22.03.1982	08:00:04:46	CDR: J.R. Lousma	OSS-1
Columbia	30.03.1982	129	PLT: C.G. Fullerton	
STS-4	27.06.1982	07:01:09:42	CDR: T.K. Mattingly	DoD-82-1
Columbia	04.07.1982	112	PLT: H.W. Hartsfield	
STS-5	11.11.1982	05:02:14:26	CDR: V.D. Brand	SBS-3
Columbia	16.11.1982	82	PLT: R.F. Overmyer	Anik-C3
			MS1: J.P. Allen	
			MS2: W.B. Lenoir	
STS-6	04.04.1983	05:00:23:42	CDR: P.J. Weitz	TDRS-A
Challenger	09.04.1983	81	PLT: K.J. Bobko	
			MS1: F.S. Musgrave	
			MS2: D.H. Peterson	
STS-7	18.06.1983	06:02:23:59	CDR: R.L. Crippen	Anik-C2
Challenger	24.06.1983	98	PLT: F.H. Hauck	Palapa-B1
			MS1: J.M. Fabian	SPAS-01
			MS2: S.K. Ride	OSTA-2
			MS3: N.E. Thagard	
STS-8	30.08.1983	06:01:08:43	CDR: J.W. Young	Insat-1B
Challenger	05.09.1983	97	PLT: R.L. Crippen	PFTA
			MS1: G.S. Bluford	
			MS2: D.A. Gardner	
			MS3: W.E. Thornton	
STS-9	28.11.1983	10:07:47:23	CDR: J.W. Young	Spacelab-1
Columbia	08.12.1983	167	PLT: R.L. Crippen	
			MS1: O.K. Garriott	
			MS2: Robert A. Parker	
			PS1: U. Merbold	
			PS2: B.K. Lichtenberg	
STS-41B	03.02.1984	07:23:15:55	CDR: V.D. Brand	Westar-6
Challenger	11.02.1984	127	PLT: R.L. Gibson	Palapa-B2
			MS1: R.E. McNair	SPAS-01A
			MS2: R.L. Stewart	
			MS3: B. McCandless	
STS-41C	06.04.1984	06:23:40:07	CDR: R.L. Crippen	LDEF
Challenger	13.04.1984	107	PLT: F.R. Scobee	SMM-FSS
			MS1: T.J. Hart	
			MS2: J.D. van Hoften	
			MS3: G.D. Nelson	
STS-41D	30.08.1984	06:00:56:04	CDR: H.W. Hartsfield	SBS-4
Discovery	05.09.1984	97	PLT: M.L. Coats	Syncom-IV-2
			MS1: R.M. Mullane	Telstar-3C
			MS2: S.A. Hawley	OAST-1
			MS3: J.A. Resnik	
			PS1: C.D. Walker	
STS-41G	05.10.1984	08:05:23:33	CDR: R.L. Crippen	ERBS
Challenger	13.10.1984	133	PLT: J.A. McBride	OSTA-3
			MS1: K.D. Sullivan	
			MS2: S.K. Ride	
			MS3: D.C. Leestma	
			PS1: P.D. Scully-Power	
			PS2: M. Garneau	
STS-51A	08.11.1984	07:23:44:56	CDR: F.H. Hauck	Anik-D2
Discovery	16.11.1984	127	PLT: D.M. Walker	Syncom-IV-1
			MS1: J.P. Allen	Westar-6R
			MS2: A.L. FisherPalapa-B2R	
			MS3: D.A. Gardner	

Mission Orbiter	Start Landung	Flugdauer[1] Erdumläufe	Besatzung[2]	Hauptnutzlast
STS-51C Discovery	24.01.1985 27.01.1985	03:01:33:23 48	CDR: T.K. Mattingly PLT: L.J. Shriver MS1: E.S. Onizuka MS2: J.F. Buchli PS1: G.E. Payton	DoD: Magnum
STS-51D Discovery	12.04.1985 19.04.1985	06:23:55:23 110	CDR: K.J. Bobko PLT: D.E. Williams MS1: M.R. Seddon MS2: S.D. Griggs MS3: J.A. Hoffman PS1: C.D. Walker PS2: E.J. Garn	Anik-C1 Syncom-IV-3
STS-51B Challenger	29.04.1985 06.05.1985	07:00:08:46 111	CDR: R.F. Overmyer PLT: F.D. Gregory MS1: D.L. Lind MS2: N.E. Thagard MS3: W.E. Thornton PS1: T.J. Wang PS2: L. van den Berg	Spacelab-3
STS-51G Discovery	17.06.1985 24.06.1985	07:01:38:52 112	CDR: D.C. Brandenstein PLT: J.O. Creighton MS1: J.M. Fabian MS2: S.R. Nagel MS3: S.W. Lucid PS1: S.S.A. Aziz Al-Saud PS2: P. Baudry	Morelos-A Arabsat-1B Telstar-3D SPARTAN-1
STS-51F Challenger	29.07.1985 06.08.1985	07:22:45:26 126	CDR: C.G. Fullerton PLT: R.D. Bridges MS1: K.J. Henize MS2: F.S. Musgrave MS3: A.W. England PS1: L.W. Acton PS2: J.-D. F. Bartoe	Spacelab-2
STS-51I Discovery	27.08.1985 03.09.1985	07:02:17:42 112	CDR: J.H. Engle PLT: R.O. Covey MS1: J.D. van Hoften MS2: J.M. Lounge MS3: W.F. Fisher	Aussat-1 ASC-1 Syncom-IV-4 Leasat-3R
STS-51J Atlantis	03.10.1985 07.10.1985	04:01:44:38 63	CDR: K.J. Bobko PLT: R.J. Grabe MS1: D.C. Hilmers MS2: R.L. Stewart MS3: W.A. Pailes	DoD: DSCS-III-2 DSCS-III-3
STS-61A Challenger	30.10.1985 06.11.1985	07:00:44:51 112	CDR: H.W. Hartsfield PLT: S.R. Nagel MS1: B.J. Dunbar MS2: J.F. Buchli MS3: G.S. Bluford PS1: R. Furrer PS2: E.W. Messerschmid PS3: W.J. Ockels	Spacelab D-1
STS-61B Atlantis	26.11.1985 03.12.1985	06:21:04:49 109	CDR: B.H. Shaw PLT: B.D. O'Connor MS1: J.L. Ross MS2: M.L. Cleave MS3: S.C. Spring PS1: C.D. Walker PS2: R. Neri	Morelos-B Aussat-2 Satcom-Ku-2 EASE/ACCESS
STS-61C Columbia	12.01.1986 18.01.1986	06:02:03:51 97	CDR: R.L. Gibson PLT: C.F. Bolden MS1: G.D. Nelson MS2: S.A. Hawley MS3: F.R. Chang-Diaz PS1: R.J. Cenker PS2: W.C. Nelson	Satcom-Ku-1 MSL-2

Mission Orbiter	Start Landung	Flugdauer[1] Erdumläufe	Besatzung[2]	Hauptnutzlast
STS-51L* Challenger	28.01.1986 03.02.1986	06:00:34:00 97	CDR: F.R. Scobee PLT: M.L. Smith MS1: E.S. Onizuka MS2: J.A. Resnik MS3: R.E. McNair PS1: S.C. McAuliffe PS2: G.B. Jarvis	TDRS-B SPARTAN-Halley
STS-26 Discovery	29.09.1988 03.10.1988	04:01:00:11 65	CDR: F.H. Hauck PLT: R.O. Covey MS1: J.M. Lounge MS2: D.C. Hilmers MS3: G.D. Nelson	TDRS-C
STS-27 Atlantis	02.12.1988 06.12.1988	04:09:05:37 68	CDR: R.L. Gibson PLT: G.S. Gardner MS1: R.M. Mullane MS2: J.L. Ross MS3: W.M. Shepherd	DoD: Lacrosse
STS-29 Discovery	13.03.1989 18.03.1989	04:23:38:50 80	CDR: M.L. Coats PLT: J.E. Blaha MS1: J.F. Buchli MS2: R.C. Springer MS3: J.P. Bagian	TDRS-D
STS-30 Atlantis	04.05.1989 08.05.1989	04:00:56:27 65	CDR: D.M. Walker PLT: R.J. Grabe MS1: N.E. Thagard MS2: M.L. Cleave MS3: M.C. Lee	Magellan
STS-28 Columbia	08.08.1989 13.08.1989	05:01:00:08 81	CDR: B.H. Shaw PLT: R.N. Richards MS1: J.C. Adamson MS2: D.C. Leestma MS3: M.N. Brown	DoD: Keyhole-12
STS-34 Atlantis	18.10.1989 23.10.1989	04:23:39:21 80	CDR: D.E. Williams PLT: M.J. McCulley MS1: S.W. Lucid MS2: F.R. Chang-Diaz MS3: E.S. Baker	Galileo
STS-33 Discovery	22.11.1989 27.11.1989	05:00:06:46 79	CDR: F:D. Gregory PLT: J.E. Blaha MS1: M.L. Carter MS2: F.S. Musgrave MS3: K.C. Thornton	DoD: Magnum
STS-32 Columbia	09.01.1990 20.01.1990	10:21:00:37 173	CDR: D.C. Brandenstein PLT: J.D. Wetherbee MS1: B.J. Dunbar MS2: M.S. Ivins MS3: G.D. Low	Syncom IV-5 LDEF-1R
STS-36 Atlantis	28.02.1990 04.03.1990	04:10:18:22 72	CDR: J.O. Creighton PLT: J.H. Casper MS1: R.M. Mullane MS2: D.C. Hilmers MS3: P.J. Thout	AFP-731
STS-31 Discovery	24.04.1990 29.04.1990	05:01:16:06 76	CDR: L.J. Shriver PLT: C.F. Bolden MS1: B. McCandless MS2: S.A. Hawley MS3: K.D. Sullivan	HST
STS-41 Discovery	06.10.1990 10.10.1990	04:02:10:04 66	CDR: R.N. Richards PLT: R.D. Cabana MS1: B.E. Melnick MS2: W.M. Shepherd MS3: T.D. Akers	Ulysses

Mission Orbiter	Start Landung	Flugdauer[1] Erdumläufe	Besatzung[2]	Hauptnutzlast
STS-38	15.11.1990	04:21:54:27	CDR: R.O. Covey	AFP-658
Atlantis	20.11.1990	80	PLT: F.L. Culbertson	
			MS1: C.J. Meade	
			MS2: R.C. Springer	
			MS3: C.D. Gemar	
STS-35	02.12.1990	08:23:05:07	CDR: V.D. Brand	ASTRO-1
Columbia	10.12.1990	142	PLT: G.S. Gardner	
			MS1: J.A. Hoffman	
			MS2: J.M. Lounge	
			MS3: R.A. Parker	
			PS1: S.T. Durrance	
			PS2: R.A. Parise	
STS-37	05.04.1991	05:23:32:44	CDR: S.R. Nagel	CGRO
Atlantis	11.04.1991	93	PLT: K.D. Cameron	
			MS1: L.M. Godwin	
			MS2: J.L. Ross	
			MS3: J. Apt	
STS-39	28.04.1991	08:07:22:21	CDR: M.L. Coats	AFP-675/CIRRIS
Discovery	06.05.1991	134	PLT: L.B. Hammond	IBSS/SPAS-II
			MS1: G.J. Harbaugh	
			MS2: D.R. McMonagle	
			MS3: G.S. Bluford	
			MS4: C.L. Veach	
			MS5: R.J. Hieb	
STS-40	05.06.1991	09:02:14:20	CDR: B.D. O'Connor	SLS-1
Columbia	14.06.1991	146	PLT: S.M. Gutierrez	
			MS1: J.P. Bagian	
			MS2: T.E. Jernigan	
			MS3: M.R. Seddon	
			PS1: F.A. Gaffney	
			PS2: M. Hughes-Fulford	
STS-43	02.08.1991	08:21:21:25	CDR: J.E. Blaha	TDRS-E
Atlantis	11.08.1991	142	PLT: M.A.Baher	
			MS1: S.W. Lucid	
			MS2: G.D. Low	
			MS3: J.C. Adamson	
STS-48	12.09.1991	05:08:27:34	CDR: J.O. Creighton	UARS
Discovery	18.09.1991	81	PLT: K.S. Reightler	
			MS1: C.D. Gemar	
			MS2: J.F. Buchli	
			MS3: M.N. Brown	
STS-44	24.11.1991	06:22:50:42	CDR: F.D. Gregory	DSP-16/Liberty
Atlantis	01.12.1991	110	PLT: T.T. Henricks	
			MS1: J.S. Voss	
			MS2: F.S. Musgrave	
			MS3: M. Runco	
			PS1: T.J. Hennen	
STS-42	22.01.1992	08:01:14:45	CDR: R.J. Grabe	IML-1
Discovery	30.01.1992	129	PLT: S.S. Oswald	
			MS1: N.E. Thagard	
			MS2: W.F. Readdy	
			MS3: D.C. Hilmers	
			PS1: R.L. Bondar	
			PS2: U. Merbold	
STS-45	24.03.1992	08:22:09:25	CDR: C.F. Bolden	ATLAS-1
Atlantis	02.04.1992	143	PLT: B. Duffy	
			MS1: K.D. Sullivan	
			MS2: D.C. Leestma	
			MS3: C.M. Foale	
			PS1: D.D. Frimout	
			PS2: B.K. Lichtenberg	

Mission Orbiter	Start Landung	Flugdauer[1] Erdumläufe	Besatzung[2]	Hauptnutzlast
STS-49 Endeavour	07.05.1992 16.05.1992	08:21:17:38 141	CDR: D.C. Brandenstein PLT: K.P. Chilton MS1: R.J. Hieb MS2: B.E. Melnick MS3: P.J. Thout MS4: K.C. Thornton MS5: T.D. Akers	Intelsat-VI/F3R ASEM
STS-50 Columbia	25.06.1992 09.07.1992	13:19:30:04 221	CDR: R.N. Richards PLT: K.D. Bowersox MS1: B.J. Dunbar MS2: E.S. Baker MS3: C.J. Meade PS1: L.J. DeLucas PS2: E.H. Trinh	USML-1 EDO
STS-46 Atlantis	31.07.1992 08.08.1992	07:23:15:03 127	CDR: L.J. Shriver PLT: A.M. Allen MS1: C. Nicollier MS2: M.S. Ivins MS3: J.A. Hoffman MS4: F.R. Chang-Diaz PS1: F. Malerba	EURECA-1L TSS-1
STS-47 Endeavour	12.09.1992 20.09.1992	07:22:30:24 127	CDR: R.L. Gibson PLT: C.L. Brown MS1: M.C. Lee MS2: J. Apt MS3: N.J. Davis MS4: M.C. Jemison PS1: M. Mohri	Spacelab-J
STS-52 Columbia	22.10.1992 01.11.1992	09:20:56:14 159	CDR: J.D. Wetherbee PLT: M.A. Baker MS1: C.L. Veach MS2: W.M. Shepherd MS3: T.E. Jernigan PS1: S.G. MacLean	LAGEOS-II USMP-1
STS-53 Discovery	02.12.1992 09.12.1992	07:07:19:47 116	CDR: D.M. Walker PLT: R.D. Cabana MS1: G.S. Bluford MS2: J.S. Voss MS3: M.R. Clifford	DoD-1
STS-54 Endeavour	13.01.1993 19.01.1993	05:23:38:47 96	CDR: J.H. Casper PLT: D.R. McMonagle MS1: G.J. Harbaugh MS2: M. Runco MS3: S.J. Helms	TDRS-F
STS-56 Discovery	08.04.1993 17.04.1993	09:06:08:19 148	CDR: K.D. Cameron PLT: S.S. Oswald MS1: C.M. Foale MS2: K.D. Cockrell MS3: E. Ochoa	ATLAS-2 SPARTAN-201-01
STS-55 Columbia	26.04.1993 06.05.1993	09:23:40:00 160	CDR: S.R. Nagel PLT: T.T. Henricks MS1: J.L. Ross MS2: C.J. Precourt MS3: B.A. Harris PS1: U. Walter PS2: H.W. Schlegel	Spacelab D-2
STS-57 Endeavour	21.06.1993 01.07.1993	09:23:44:54 154	CDR: R.J. Grabe PLT: B. Duffy MS1: G.D. Low MS2: N.J. Sherlock MS3: P.J. Wisoff MS4: J.E. Voss	Spacehab-1 EURECA-1R

Mission Orbiter	Start Landung	Flugdauer[1] Erdumläufe	Besatzung[2]	Hauptnutzlast
STS-51 Discovery	12.09.1993 22.09.1993	09:20:11:07 158	CDR: F.L. Culbertson PLT: W.F. Readdy MS1: J.H. Newman MS2: D.W. Bursch MS3: C.E. Walz	ACTS ORFEUS-SPAS-1
STS-58 Columbia	18.10.1993 01.11.1993	14:00:12:32 225	CDR: J.E. Blaha PLT: R.A. Searfoss MS1: M.R. Seddon MS2: W.S. McArthur MS3: D.A. Wolf MS4: S.W. Lucid PS1: M.J. Fettman	SLS-2 EDO
STS-61 Endeavour	02.12.1993 13.12.1993	10:19:58:33 162	CDR: R.O. Covey PLT: K.D. Bowersox MS1: K.C. Thornton MS2: C. Nicollier MS3: J.A. Hoffman MS4: F.S. Musgrave MS5: T.D. Akers	HST SM-1
STS-60 Discovery	03.02.1994 11.02.1994	08:07:09:22 131	CDR: C.F. Bolden PLT: K.S. Reightler MS1: N.J. Davis MS2: R.M. Sega MS3: F.R. Chang-Diaz MS4: S.K. Krikaljow	Spacehab-2 WSF-1
STS-62 Columbia	04.03.1994 18.03.1994	13:23:16:41 224	CDR: J.H. Casper PLT: A.M. Allen MS1: P.J. Thout MS2: C.D. Gemar MS3: M.S. Ivins	USMP-2 OAST-2
STS-59 Endeavour	09.04.1994 20.04.1994	11:05:49:30 183	CDR: S.M. Gutierrez PLT: K.P. Chilton MS1: J. Apt MS2: M.R. Clifford MS3: L.M. Godwin MS4: T.D. Jones	SRL-1
STS-65 Columbia	08.07.1994 23.07.1994	14:17:55:01 236	CDR: R.D. Cabana PLT: J.D. Halsell MS1: R.J. Hieb MS2: C.E. Walz MS3: L. Chiao MS4: D.A. Thomas PS1: C. Mukai	IML-2 EDO
STS-64 Discovery	09.09.1994 20.09.1994	10:22:49:57 177	CDR: R.N. Richards PLT: L.B. Hammond MS1: J.M. Linenger MS2: S.J. Helms MS3: C.J. Meade MS4: M.C. Lee	LITE-I SPARTAN-201-02
STS-68 Endeavour	30.09.1994 11.10.1994	11:05:46:09 183	CDR: M.A. Baker PLT: T.W. Wilcutt MS1: S.L. Smith MS2: D.W. Bursch MS3: P.J. Wisoff MS4: T.D. Jones	SRL-2
STS-66 Atlantis	03.11.1994 14.11.1994	10:22:34:02 176	CDR: D.R. McMonagle PLT: C.L. Brown MS1: S.E. Parazynski MS2: J.R. Tanner MS3: E. Ochoa MS4: J.-F. Clervoy	ATLAS-3 CRISTA-SPAS-1

Mission Orbiter	Start Landung	Flugdauer[1] Erdumläufe	Besatzung[2]	Hauptnutzlast
STS-63 Discovery	03.02.1995 11.02.1995	08:06:28:15 130	CDR: J.D. Wetherbee PLT: E.M. Collins MS1: B.A. Harris MS2: C.M. Foale MS3: J.E. Voss MS4: W.G. Titow	SSMR Spacehab-3 SPARTAN-204 EDFT-1
STS-67 Endeavour	02.03.1995 18.03.1995	16:15:08:47 263	CDR: S.S. Oswald PLT: W.G. Gregory MS1: J.M. Grunsfeld MS2: W.B. Lawrence MS3: T.E. Jernigan PS1: S.T. Durrance PS2: R.A. Parise	ASTRO-2 EDO
STS-71 Atlantis	27.06.1995 07.07.1995	09:19:22:17 154	CDR: R.L. Gibson PLT: C.J. Precourt MS1: E.S. Baker MS2: G.J. Harbaugh MS3: B.J. Dunbar CDR-MU: A.J. Solowjow FE-MU: N.M. Budarin CDR-MD: W.N. Deschurow FE-MD: G.M. Strekalow RC-MD: N.E. Thagard	S/MM-1 Spacelab-M
STS-70 Discovery	13.07.1995 22.07.1995	08:22:20:05 142	CDR: T.T. Henricks PLT: K.R. Kregel MS1: D.A. Thomas MS2: N.J. Currie MS3: M.E. Weber	TDRS-G
STS-69 Endeavour	07.09.1995 18.09.1995	10:20:28:56 171	CDR: D.M. Walker PLT: K.D. Cockrell MS1: J.S. Voss MS2: J.H. Newman MS3: M.L. Gernhardt	WSF-2 SPARTAN-201-03 EDFT-2
STS-73 Columbia	20.10.1995 05.11.1995	15:21:52:21 256	CDR: K.D. Bowersox PLT: K.V. Rominger MS1: C.G. Coleman MS2: M.E. Lopez-Alegria MS3: K.C. Thornton PS1: F.W. Leslie PS2: A. Sacco	USML-2 EDO
STS-74 Atlantis	12.11.1995 20.11.1995	08:04:30:44 129	CDR: K.D. Cameron PLT: J.D. Halsell MS1: C.A. Hadfield MS2: J.L. Ross MS3: W.S. McArthur	S/MM-2 DM
STS-72 Endeavour	11.01.1996 20.01.1996	08:22:00:41 142	CDR: B. Duffy PLT: B.W. Jett MS1: L. Chiao MS2: W.E. Scott MS3: K. Wakata MS4: D.T. Barry	SFU-R OAST-Flyer EDFT-3
STS-75 Columbia	22.02.1996 09.03.1996	15:17:40:21 250	CDR: A.M. Allen PLT: S.J. Horowitz MS1: J.A. Hoffman MS2: M. Cheli MS3: C. Nicollier MS4: F.R. Chang-Diaz PS1: U. Guidoni	TSS-1R USMP-3 EDO
STS-76 Atlantis	22.03.1996 31.03.1996	09:05:15:53 145	CDR: K.P. Chilton PLT: R.A. Searfoss MS1: R.M. Sega MS2: M.R. Clifford MS3: L.M.Godwin MS4U: S.W. Lucid	S/MM-3 Spacehab-SM EDFT-4 MEEP-D

Mission Orbiter	Start Landung	Flugdauer[1] Erdumläufe	Besatzung[2]	Hauptnutzlast
STS-77 Endeavour	19.05.1996 29.05.1996	10:00:39:18 161	CDR: J.H. Casper PLT: C.L. Brown MS1: A.S. Thomas MS2: D.W. Bursch MS3: M. Runco MS4: M. Garneau	Spacehab-4 SPARTAN-207 PAMS/STU
STS-78 Columbia	20.06.1996 07.07.1996	16:21:47:45 272	CDR: T.T. Henricks PLT: K.R. Kregel MS1: R.M. Linnehan MS2: S.J. Helms MS3: C.E. Brady PS1: J.-J. Favier PS2: R.B. Thirsk	LMS EDO
STS-79 Atlantis	16.09.1996 26.09.1996	10:03:18:26 160	CDR: W.F. Readdy PLT: T.W. Wilcutt MS1: J. Apt MS2: T.D. Akers MS3: C.E. Walz MS4U: J.E. Blaha MS4D: S.W. Lucid	S/MM-4 Spacehab-DM
STS-80 Columbia	19.11.1996 07.12.1996	17:15:53:18 279	CDR: K.D. Cockrell PLT: K.V. Rominger MS1: T.E. Jernigan MS2: T.D. Jones MS3: F.S. Musgrave	WSF-3 ORFEUS-SPAS-2 EDFT-5 EDO
STS-81 Atlantis	12.01.1997 22.01.1997	10:04:55:21 161	CDR: M.A. Baker PLT: B.W. Jett MS1: P.J. Wisoff MS2: J.M. Grunsfeld MS3: M.S. Ivins MS4U: J.M. Linenger MS4D: J.E. Blaha	S/MM-5 Spacehab-DM
STS-82 Discovery	11.02.1997 21.02.1997	09:23:37:09 150	CDR: K.D. Bowersox PLT: S.J. Horowitz MS1: J.R. Tanner MS2: S.A. Hawley MS3: G.J. Harbaugh MS4: M.C. Lee MS5: S.L. Smith	HST SM-2
STS-83 Columbia	04.04.1997 08.04.1997	03:23:12:39 64	CDR: J.D. Halsell PLT: S.L. Still MS1: J.E. Voss MS2: M.L. Gernhardt MS3: D.A. Thomas PS1: R.K. Crouch PS2: G.T. Linteris	MSL-1 EDO
STS-84 Atlantis	15.05.1997 24.05.1997	09:05:19:56 145	CDR: C.J. Precourt PLT: E.M. Collins MS1: J.-F. Clervoy MS2: C.I. Noriega MS3: E.T. Lu MS4: J.W. Kondakowa MS5U: C.M. Foale MS5D: J.M. Linenger	S/MM-6 Spacehab-DM
STS-94 Columbia	01.07.1997 17.07.1997	15:16:44:34 251	CDR: J.D. Halsell PLT: S.L. Still MS1: J.E. Voss MS2: M.L. Gernhardt MS3: D.A. Thomas PS1: R.K. Crouch PS2: G.T. Linteris	MSL-1R EDO

Mission Orbiter	Start Landung	Flugdauer[1] Erdumläufe	Besatzung[2]	Hauptnutzlast
STS-85 Discovery	07.08.1997 19.08.1997	11:20:26:59 190	CDR: C.L. Brown PLT: K.V. Rominger MS1: N.J. Davis MS2: R.L. Curbeam MS3: S.K. Robinson PS1: B.V. Tryggvason	CRISTA-SPAS-2 MFD
STS-86 Atlantis	25.09.1997 06.10.1997	10:19:20:50 170	CDR: J.D. Wetherbee PLT: M.L. Bloomfield MS1: W.G. Titow MS2: S.E. Parazynski MS3: J.-L. Chrétien MS4: W.B. Lawrence MS5U: D.A. Wolf MS5D: C.M. Foale	S/MM-7 Spacehab-DM EDFT-6 MEEP-R
STS-87 Columbia	19.11.1997 05.12.1997	15:16:34:04 252	CDR: K.R. Kregel PLT: S.W. Lindsey MS1: K. Chawla MS2: W.E. Scott MS3: T. Doi PS1: L.K. Kadenjuk	SPARTAN-201-04 USMP-4 EDFT-5R EDO
STS-89 Endeavour	23.01.1998 31.01.1998	08:19:46:54 139	CDR: T.W. Wilcutt PLT: J.F. Edwards MS1: J.F. Reilly MS2: M.P. Anderson MS3: B.J. Dunbar MS4: S.S. Scharipow MS5U: A.S. Thomas MS6D: D.A. Wolf	S/MM-8 Spacehab-DM
STS-90 Columbia	17.04.1998 03.05.1998	15:21:49:59 256	CDR: R.A. Searfoss PLT: S.D. Altman MS1: R.M. Linnehan MS2: K.P. Hire MS3: D.R. Williams PS1: J.C. Buckey PS2: J.A. Pawelczyk	Neurolab EDO
STS-91 Discovery	02.06.1998 12.06.1998	09:19:53:53 155	CDR: C.J. Precourt PLT: D.L. Gorie MS1: F.R. Chang-Diaz MS2: W.B. Lawrence MS3: J.L. Kavandi MS4: W.W. Rjumin MS5D: A.S. Thomas	S/MM-9 Spacehab-SM AMS
STS-95 Discovery	29.10.1998 07.11.1998	08:21:43:57 135	CDR: C.L. Brown PLT: S.W. Lindsey MS1: S.K. Robinson MS2: S.E. Parazynski MS3: P. Duque PS1: C. Mukai PS2: J.H. Glenn	Spacehab-SM SPARTAN-201-05
STS-88 Endeavour	03.12.1998 14.12.1998	11:19:49:00 179	CDR: R.D. Cabana PLT: F.W. Sturkow MS1: J.L. Ross MS2: N.J. Currie MS3: J.H. Newman MS4: S.K. Krikaljow	ISS-01-2A Unity
STS-96** Discovery	20.05.1999 30.05.1999	9:19:55:00 158	CDR: K.V. Rominger PLT: R.D. Husband MS: E. Ochoa MS: T.E. Jernigan MS: D.T. Barry MS: J. Payette MS: W.I. Tokarew	ISS-02-2A.1 Spacehab-DCM

Mission Orbiter	Start Landung	Flugdauer[1] Erdumläufe	Besatzung[2]	Hauptnutzlast
STS-93** Columbia	09.07.1999 14.07.1999	4:23:03:00 78	CDR: E.M. Collins PLT: J.S. Ashby MS: S.A. Hawley MS: C.G. Coleman MS: M. Tognini	Chandra X-Ray Observatory (AXAF-I)
STS-99** Endeavour	16.09.1999 27.09.1999	11:04:00:00 178	CDR: K.R. Kregel PLT: D.L. Gorie MS: J.L. Kavandi MS: J.E. Voss MS: M. Mohri MS: G.P. Thiele	SRTM
STS-103** Discovery	14.10.1999 24.10.1999	10:00:00:00 160	CDR: C.L. Brown PLT: S.J. Kelly MS: S.L. Smith MS: C.M. Foale MS: J.M. Grunsfeld MS: C. Nicollier MS: J.-F. Clervoy	HST SM-3A
STS-101** Atlantis	02.12.1999 13.12.1999	11:00:00:00 176	CDR: J.D. Halsell PLT: S.J. Horowitz MS: M.E. Weber MS: E.T. Lu MS: J.N. Williams MS: J. Malentschenko MS: B.W. Morukow	ISS-03-2A.2 Spacehab-DCM

[1] in d:h:min:s
[2] CDR = Kommandant
PLT = Pilot
MS = Missionsspezialist
PS = Nutzlastspezialist
CDR-M = Mir-Kommandant
FE-M = Mir-Flugingenieur
RC-M = Mir-Forschungskosmonaut
U = Up (Start); D = Down (Landung)
* Daten laut Vor-Flug-Planung: Das Space Shuttle explodierte bei Flugdauer 00:00:01:13; die gesamte Besatzung kam dabei ums Leben.
** Daten gemäß dem Space Shuttle-Flugplan der NASA für 1999 (Stand: 01.05.1999)

Abkürzungserklärungen

A	Amerika
Airlock	Luftschleuse
CAM	Centrifuge Accomodation Module
CETA	Crew and Equipment Translation Aid
COF	Columbus Orbital Facility
CRV	Crew Return Vehicle
DC	Docking Compartment (Luftschleuse für EVAs und Dockingstutzen für Sojus und Progess)
DCM	Double Cargo Module
DSM	Docking and Stowage Module
E	Europa
EC	Expedition Crew
EF	Exposed Facility
ELM	Experiment Logistics Module
ES	Exposed Section
Hab	US-Wohnmodul (Habitation Module)
ISPR	International Standard Payload Rack
ISS	International Space Station
ITS	Integrated Truss Structure
J	Japan
JEM	Japanese Experiment Module
Lab	US-Labormodul (Laboratory Module)
MBS	Mobile Base System
MPLM	Mini Pressurized Logistics Module
MT	Mobile Transporter
Node	Kopplungsknoten (für Lab, Hab, JEM, COF, u.a.)
O/F	Outfitting (Ausrüstung)
P	Port (Backbord)
PM	Pressurized Module
PMA	Pressurized Mating Adapter
Proton	russische Trägerrakete
PS	Pressurized Section
PVM	Photovoltaic Module
R	Rußland
RM	Research Module
RMS	Remote Manipulator System
S	Starboard (Steuerbord)
SH	Spacehab
SM	Service Module (Mir-2-Kernmodul)
SMMOD	Service Module Micrometeoroid and Orbital Debris Shields
Sojus	Zubringerraumschiff mit der ersten Stammbesatzung (erstes Assured Crew Return Vehicle, ACRT); russische Trägerrakete
SPDM	Special Purpose Dexterous Manipulator
SPP	Science Power Platform
SSRMS	Space Station Remote Manipulator System
UF	Utilization Flight
TBD	To Be Determined
UDM	Universal Docking Module (Docking-Stutzen für RM und Sojus)
US	United States
Z	Zenit